Lena Landefeld

DER NACHT GARTEN

Pflanzen und Beete, die duften, leuchten und die Nacht beleben

Inhalt

Dein Feierabend im Mondgarten

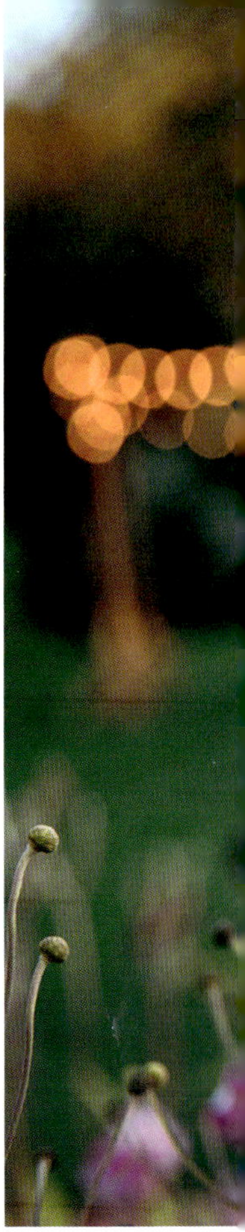

Ein Garten kann so vieles sein. Für uns Gärtner ist er meist mehr als nur ein Hobby. Er ist Leidenschaft und Ausdruck einer Lebenseinstellung. Egal, ob du das englische Rosenparadies, den von Oma liebevoll angelegten Bauerngarten oder das wild-geordnete Naturchaos bevorzugst – zeig mir deinen Garten und ich sage dir, wer du bist.

Wir freuen uns schon im Januar auf die kommende Saison, planen, ziehen erste Keimlinge oder treiben Knollen vor. Wir genießen jede freie Minute und freuen uns, wenn der Alltag uns zu sehr fordert, auf unsere Zeit im eigenen Grün. Oft genug finden wir mit der Nase in den Blüten und den Händen in der Erde wieder zu uns selbst.

Wenn wir ehrlich sind, ist die Zeit aber doch immer knapp, oder? Wer am Tag viel leistet, schafft im Garten oft nur das Nötigste – und kommt nicht wirklich zum Genießen. Dem können wir Abhilfe schaffen! Die Natur schläft schließlich nicht (komplett), wenn es dunkel wird. Für viele Lebewesen beginnt der Spaß erst dann.

Wenn wir die Abendstunden nicht als tote Zeit begreifen, bietet unser Garten eine perfekte Bühne für Erholung alleine, einen romantischen Pärchenabend oder die gesellige Runde mit Freunden. Holen wir den Mond in die Beete und Töpfe, eröffnet sich ein neuer Raum voller Möglichkeiten.

Dieses Buch ist eine Einladung, deinen Garten neu zu entdecken. Es zeigt, wie du ihn durch geschickte Gestaltung und Pflanzenwahl in einen Mondgarten verwandelst, der dir auch in den wertvollen (Feier-)Abendstunden Freude macht.

Stell dir also vor, du kommst nach einem anstrengenden Arbeitstag nach Hause, du tobst noch etwas mit den Kindern durch den Garten, ihr pflückt Salat und ein paar Wildkräuter und nach dem Abendessen bringst du die Kinder ins Bett. Aber hey, du musst nicht bis zum Wochenende warten, um noch ein paar Stunden Me-time in deinem Gartenreich zu genießen. Denn wenn die Sonne untergeht, die

Party im Nachtgarten – gedimmtes Licht, gutes Essen und stimmungsvolle, leuchtende Beete, die dem Fest das gewisse Extra verleihen.

Nachbarn ins Haus gehen und die Rollos runterlassen, ist in deinem Garten noch lange nicht Schluss.

Schnapp dir ein leckeres Getränk und ein gutes Buch oder auch die beste Freundin und setz dich auf die Terrasse. Während du unter einem kleinen, sanften Licht noch etwas liest oder ihr euch unterhaltet, wird es um dich herum langsam dunkler. Und dein Garten beginnt zu leuchten … Die Mondviole öffnet langsam ihre Blüten, die Nachtigall beginnt zu singen und der Mond lässt deine Rosen strahlen. Wie gut, dass du es noch nicht geschafft hattest, den Lauch komplett zu ernten, denn jetzt schweben seine Blüten wie kleine Mini-Monde über deinen Beeten. Während dir der Duft der Violen und Orangenblumen in die Nase steigt, legst du dein Buch zur Seite und schaltest das Licht aus. Jetzt ist die Zeit der Nachtfalter und Fledermäuse! Während du die schönen Schmetterlinge der Nacht beobachtest, freuen sich die Fledermäuse über das reichhaltige Insektenangebot in deinem Garten. Wie viele Bewohner entdeckst du heute im strahlenden Dunkel?

Drei Schritte zum Mondgarten

Wie kommst du nun von deinem aktuellen Garten zu einem, den du auch abends und, falls du eine Nachteule bist, sogar nachts in vollen Zügen genießen kannst?

Das Konzept Mondgarten ist hierzulande neu. Wenn wir über Gärten und Gartengestaltung reden, dann reden wir im Allgemeinen vom Garten am Tag. Von verheißungsvollen Frühlingstagen, an denen es uns endlich wieder nach draußen zieht, und von warmen Sommerstunden, in denen wir dem Schatten nachwandern und nach hitzeresistenten Rasenalternativen suchen. Von den edelsten Tulpen und den neuesten Rosenzüchtungen oder den besten Tricks, Schädlinge ohne Chemie in die Schranken zu weisen, und der Frage, ob deine oder die Tomaten von Opas Nachbarn heuer besser wachsen.

Deswegen ist die Weiterentwicklung des Tag- zum Nachtgarten vor allem eine Frage des Blickwinkels. Unser Fokus muss sich in manchen Bereichen grundlegend ändern und in anderen um ein paar Stunden verschieben.

Schritt 1 auf dem Weg ist also der Wechsel der Perspektive. Was macht einen Garten in der Nacht zum Mondgarten? Was sind deine Gestaltungsanliegen und wie nutzt du die gewonnene Zeit für dich? Möchtest du deinen bestehenden Garten etwas aufpeppen oder strukturierst du ihn sowieso gerade ganz neu? Liegt dein Fokus auf deinem Erleben, der ökologischen Aufwertung oder auf etwas ganz anderem?

In Schritt 2 erfassen wir, was wir haben. Wie sieht dein Garten am Tag aus? Duftet es schon an manchen Ecken? Wie nimmst du den Garten wahr? Wie nutzt du ihn? Ist er einfach nur da oder erlebst du ihn aktiv? Weißt du, wie er um die verschiedenen Tageszeiten riecht und klingt? Vielleicht gibt es schon Futterpflanzen für Nachtfalter, große Zierlauch-Monde und lebhafte Nachtmusik in deiner Wildhecke?

Wenn du weißt, was du hast und was du dir wünschst, kannst du in Schritt 3 loslegen und deinen neu entdeckten Garten ganz bewusst optimieren.

Die drei entscheidenden Faktoren für einen gelungenen Feierabendgarten sind:

- **das Leuchten**, das entsteht, wenn helle Blüten und Blätter den Mondschein in klaren Nächten in deine Beete holen
- **die Düfte**, die besonders nachts betörend wirken
- **die Tiere**, die deinen Nachtgarten in eine lebendige Oase verwandeln, in der es viel zu entdecken und zu lauschen gibt.

Lass uns in den folgenden Kapiteln gemeinsam die ersten beiden Schritte gehen – die Gestaltungsgrundlagen, die Pflanzenauswahl und die konkreten Beetvorschläge machen es dir leicht, im dritten Schritt deinen eigenen Mondgarten ganz nach deinen Bedürfnissen und Träumen zu gestalten. Außerdem findest du in diesem Buch Inspirationen für eine atmosphärische, nachhaltige Beleuchtung, die die Tiere der Nacht nicht beeinträchtigt. Du erfährst, wie du das sanfte Plätschern von Wasser integrierst und was Glühwürmchen, Fledermaus und Gartenschläfer brauchen, um sich in deinem Mondgarten wohlzufühlen.

Bereit, deinen Garten auf eine neue Art zu erleben?

Gräser: Die unterschätzten, immerschönen Strukturgeber kommen auch im Nachtgarten ganz groß raus. Sanft wogend, leise raschelnd und manchmal sogar duftend!

Schritt 1:
Die Perspektive ändern

Wenn wir unser kleines Paradies in der Nacht nicht nur Garten sein lassen, sondern ihn für uns neu nutzbar machen wollen, müssen wir anfangen, ihn anders zu denken.

Das Schöne ist, dass der Mond- oder Nachtgarten in jedem Fall ein superpflegeleichter Garten ist. Denn: Wir gestalten, pflanzen und pflegen ihn am Tag – und das ohne Extraaufwand. Die Elemente, die den „Mondfaktor" ausmachen, müssen auch im Taggarten funktionieren, am Tag angelegt, gepflanzt und gepflegt werden. Unsere Gartenzeit verlängert sich demnach ausschließlich um die Stunden der Ruhe und des Genusses. Wenn wir nachts die Taschenlampe auspacken, dann nicht, um den Edelrosen den letzten Schliff zu verpassen oder ein paar Stauden umzusetzen, sondern um doch mal zu spitzeln, ob das nun eine Kröte oder ein Frosch ist, was da im Teich quakt. Oder ob der Igel, der im späten Sommer ganz schön viel Radau macht, nicht doch eher eine ganze stachelige Igelfamilie ist.

Am Abend und in der Nacht ziehen wir uns aus der Rolle des gestaltenden Gärtners zurück, entspannen uns und werden zum Beobachter und zum Genießer. Wir haben endlich richtig Zeit und Ruhe, um das erarbeitete Werk wirken zu lassen. Wie ein Maler, der sich vor sein vollendetes Bild setzt, um es einfach zu genießen.

Wir malen dieses Werk mit zwei Pinseln. Einmal mit dem der Düfte, denen wir nachts mit der Nase folgen können, die uns den abendlichen Drink im Gartensessel verfeinern und die uns vielleicht sogar, wie im Falle des Lavendels, den Schlaf mit tiefschönen Träumen versüßen. Und mit dem Pinsel der hellen Farben. Weiße Blüten, hell gemusterte Blätter und silbrig glänzendes Laub reflektieren das Mondlicht und lassen den

Hören, gucken, riechen

Ohne Smartphone, Rasenmäher und andere Störfaktoren kannst du deinen Abendgarten ganz neu erleben. Hast du dir schon mal bewusst Zeit genommen, dem Lied der Nachtigall zu lauschen? Kannst du es von dem der Singdrossel unterscheiden? Welche Nachtfalter kannst du entdecken und gibt es schon Fledermäuse in deinem kleinen Ökosystem?

Nicht nur der gedeckte Tisch lockt uns am Sommerabend in den Garten. Ein paar Stunden später können wir eine neue, faszinierende Welt entdecken.

Garten an den damit gestalteten Stellen sanft leuchten. Dunkles und bläulich grünes Laub bildet im Kontrast dazu den mystischen Hintergrund, vor dem es plötzlich so viel Neues zu entdecken gibt.

Die Dunkelheit und die darin gesetzten Akzente laden dazu ein, alles Arbeitsreiche und Fordernde zu vergessen. Man sieht es ja nicht. Stattdessen können wir die Ruhe und den Frieden der Nacht oder aber die Neugier walten lassen. Entspannen oder entdecken lautet die Devise!

Schritt 2:
Den Status quo erfassen

Um etwas zu gestalten, müssen wir uns, um bei der Analogie des Malens zu bleiben, die Leinwand einmal ansehen. Wir wollen das, was wir haben, schätzen und nutzen. Deswegen ist es sinnvoll, erstmal sehr genau zu schauen, was denn schon alles da ist und einfach noch nicht „richtig" gesehen, genutzt oder platziert ist. Da wir zeitgemäß gärtnern, ist Ressourcenschonung ein großes Thema. Wenn wir nutzen, was wir haben, sparen wir uns unglaublich viel Arbeit, Geld und ökologisch zweifelhafte Rattenschwänze.

Du hast bereits einen schönen, kleinen Teich? Dann fehlen nur noch ein kleiner plätschernder Brunnen und eine weiße Seerose und du kannst ihn auch in der Nacht genießen. Deine Staudenbeete sind harmonisch angelegt, gedeihen prächtig und du bist wirklich stolz darauf, wie viele Wildbienen sich dieses Jahr an Glockenblume und Co. eingefunden haben? Dann braucht es nur noch ein wenig Inspiration aus den Pflanzenporträts und aus dem wunderschönen Sonnenbeet wird mit einer Handvoll weiterer passender Pflanzen ein Rund-um-die-Uhr-Beet.

Falls dein Garten noch eher nackt daliegt, keine Sorge. Mit den Informationen in diesem Buch, Stift, Papier und ein bisschen Zeit wirst du ein tolles Ergebnis erzielen können, das zu jeder Uhrzeit überzeugt!

Die Stimmung ist einladend, die Beleuchtung sanft? Hast du auch an die Habitate für nächtliche Besucher gedacht? Blühen schon Monde in deinen Beeten?

Deine Checkliste

	Hab ich!	Will ich!
Gartenräume, in denen du dich wohl- und geschützt fühlst	☐	☐
Pflanzen mit hellen Blättern	☐	☐
Pflanzen mit weißen oder hellen Blüten	☐	☐
Duftpflanzen	☐	☐
Raupenfutterpflanzen für Nachtfalter	☐	☐
Nektarpflanzen für Nachtfalter	☐	☐
Wildsträucher mit Dornen und Stacheln als Schutz für Vögel	☐	☐

	Hab ich!	Will ich!
Wildsträucher mit Beeren als Nahrung für Vögel und Kleinsäuger	☐	☐
Vogelnistkästen	☐	☐
Bilchkästen	☐	☐
Fledermauskästen	☐	☐
Totholz	☐	☐
Wasser	☐	☐
Blumenbeete	☐	☐
Gemüsebeete	☐	☐
Umweltbewusste Beleuchtung	☐	☐

Schritt 3: Die Nacht bewusst planen

Wenn du deine Basis kennst, können wir loslegen. Jetzt geht's an die Planung. Was oft kompliziert aussieht, ist am Ende gar nicht so schwer. Es gibt in der Gartengestaltung wie in jedem anderen Metier einfach ein paar wichtige Grundregeln, die du kennen und beachten solltest.

Unser Ästhetikempfinden, unser Gefühl von Sicherheit und Geborgenheit, unser Sinn für Ordnung, all das folgt bestimmten Gesetzen. Diese finden sich in der Natur, in gelungener Architektur und Kunst und im Design immer wieder und sie spiegeln sich in unserer Psyche und geben uns das Gefühl, dass hier alles stimmt. Es muss nicht einmal absichtlich passieren, dass ein Projekt harmonisch gestaltet ist – Künstler und Designer, die als Genies gelten, schaffen das oft intuitiv. Genauso wie die Natur sich keine Gedanken und keinen Plan macht – und ein naturbelassener Wald doch ein Raum für unsere Seele ist. Die meisten Gärtner sind, wir müssen es uns eingestehen, keine Genies in Sachen Balance, Muster und Strukturen und so profitieren wir von einem kleinen Leitfaden.

Ein bisschen Psychologie für Gärtner

Einiges, was in der Psychologie der Gestaltung eine Rolle spielt, sprechen wir gleich auf den folgenden Seiten noch an. So sind Räume und Wegeführung, Grundmuster und Farben immens wichtig für ein Design, das sich gelungen und vor allem zu uns selbst passend anfühlt. Einen weiteren Punkt möchte ich jedoch noch hervorheben: Die Unterscheidung zwischen einem Produkt und einer Qualität.

Die Eltern unter uns kennen dieses Prinzip unter anderen Begriffen: Der Wunsch eines Kindes kann sich vollkommen von seinem Bedürfnis unterscheiden. Ich selbst wollte, ganz entgegen meiner heutigen Werte, als Kleinkind immer in den Zoo, wenn ich müde

Dein Garten: So individuell wie du

Da wir alle nicht in der freien Natur groß geworden sind, sind deren Regeln manchmal von anderen überschrieben. Wenn du beispielsweise spürst, dass für dich eine eckige Grundstruktur besser passt, dann setz das ruhig so um! Fühl aber gerne vorher nochmal nach. Vielleicht würde es dir guttun, ein bisschen zu deiner Natur zurückzukehren? Ansonsten: Go for it!

Wilde Ecken, die sind Absicht! Definieren wir Chaos anders, kann die Natur wieder in Ordnung kommen. Eine Basisstruktur befriedigt unseren Anspruch.

war. Wunsch: Zoo. Bedürfnis: Schlaf. Lösung: Bett. Dieses Prinzip zieht sich durch viele Lebensbereiche. Wie oft fühlen Menschen sich einsam und kaufen deswegen etwas, das sie nicht brauchen? Vermeintlicher Wunsch: Konsum. Bedürfnis: Nähe. Lösung: Kontakt. In den genannten, völlig gartenfremden Beispielen ist der oberflächliche Wunsch, das vermeintlich erstrebenswerte Produkt, sehr häufig nicht die richtige Lösung zur Stillung eines Bedürfnisses. Manchmal ist beides deckungsgleich, das ist toll. Meist lohnt sich aber der Blick hinter den Produktwunsch, um eine nachhaltige, zufriedenstellende Lösung für das eigene System zu verwirklichen.

Im Garten ist das Produkt der Wunsch, das Bedürfnis steht für eine Qualität oder Funktion. Hinter denen steckt dann entweder unser eigenes Bedürfnis oder das des Systems Garten nach einer bestimmten Funktion. Ein Beispiel: Muss es wirklich ein Doppelstabmattenzaun sein? Wenn doch die gewünschte Qualität Sicht- oder Lärmschutz oder eine Abgrenzung zum doofen Nachbarn ist, tut es auch eine Hecke. Die weit mehr kann als Sicht und Lärm einzuschränken – und damit unser System Garten mit vielen Funktionen wie Ertrag, Lebensraum, Windschutz, Optik usw. stabilisiert. Mit der folgenden ausführlichen Liste möglicher Gartenelemente und ein bisschen Inspiration findet man unter diesem Gesichtspunkt oft schöne Lösungen für die gewünschten Funktionen oder Qualitäten, die mit dem erstbesten Nullachtfünfzehn-Produkt nicht machbar gewesen wären.

Die folgenden allgemeinen Gestaltungsgrundlagen sorgen dafür, dass wir uns auf unserem Weg nicht verlieren und am Ende ein harmonisches und funktionelles System haben – einen Traumgarten, in dem das Gärtnern leichtfällt und Spaß macht.

- Überlege genau, wie eben beschrieben, was deine Bedürfnisse und Wünsche für deinen Traumgarten sind.
- Bestimme die Begebenheiten und passe die Elemente sorgfältig an.
- Dafür gilt: Einfachheit bringt Ruhe, nutze das für eine klare Grundstruktur und wiederkehrende Muster, Farben, Pflanzen und Materialien.
- Bilde Räume und erzeuge Spannung.
- Für maximale Harmonie orientiere dich an der Natur. Nutze Pflanzen, Holz und Natursteine statt Beton, Stahl und Plastik.

Strukturen erkennen und planen

Damit wir im fertigen Garten nicht unnötig Zeit und Aufwand verbraten, macht es Sinn, am Anfang einmal vom großen Muster zum Detail zu denken. Große Strukturen lassen sich im Nachhinein nicht mal eben verändern, wenn man merkt, dass sie nicht so gut klappen wie gedacht. Typische Beispiele sind feste Bauten wie ein Gewächshaus mit Fundament, aber auch Bäume, die wir nicht einfach umsetzen können.

Welche Bereiche soll dein Garten haben? Wo gibt es Wasser(-Sammelmöglichkeiten)? Wo scheint wann wie viel Sonne, wo ist es meistens schattig und vielleicht feucht? Wo ist welcher Boden? Diese und einige weitere Fragen sollten vor der Anlage und Pflanzung beantwortet und in einem skizzierten Plan festgehalten werden. Für den Mondgarten

Zur Inspiration: Mögliche Elemente für deinen Garten

- Totholzhecke
- Sandarium
- Trockenmauer
- Teich
- Bachlauf
- Trockenbachlauf als Weg und Wasserführung
- Wildsträucher- bzw. Wildobsthecke
- Wildblumenwiese
- Staudenbeete
- verschiedene Beetvarianten:
  - Hochbeet
  - Mandalabeet
  - Schlüssellochbeet
  - Hügelbeet
  - torffreies Moorbeet (für Heidelbeeren und Co.)
  - Versickerungsbeet
  - Frühbeet
  - Kraterbeet
- ökologisch wertvolle Wege
- Obstbäume bzw. Wildobstbäume
- Naschobst
- ewiges Gemüse (Permaveggies)
- Kletterpflanzen
- Baumscheiben
- wilde Ecken
- Insektenhotel
- Vogel-, Eichhörnchen-, Igel- und Insektentränken
- Laubhaufen
- morsches Totholz, alte Stämme und Co.
- Lesesteinhaufen
- tierfreundliche Beleuchtung
- Pilzgarten
- Kräuterspirale bzw. Kräutermauer
- Sitzecke
- Gewächshaus
- Laube

Ein Weg führt nicht nur von A nach B. Er ist ein wichtiges Gestaltungselement und kann, gelungen angelegt, verschiedene Funktionen erfüllen.

ist vor allem wichtig, wo wir Mondbeete pflanzen, also welche Standortbedingungen wir vorfinden und welche Tiere wir in den Garten locken wollen.

Die Grundstrukturen sollten dabei möglichst einfach und nicht zu kleinteilig sein. Zwar ist es wichtig, Räume zu schaffen, diese sollten aber einfach und nicht ausufernd zahlreich und klein gehalten werden. Nur so legen wir in der großen Struktur Ruhe an, auf der das Leben dann aufbauend für natürlich bunte Vielfalt in all seinen Details sorgen darf, ohne dass es chaotisch wird. Liebevoll durch uns Gärtner gestaltete Elemente kommen auch dann erst richtig zur Geltung, wenn wir nicht durch absichtslose Unordnung abgelenkt sind.

Hierbei spielen auch Wege eine große Rolle. Sie führen, trennen und strukturieren. Gerade Wege schaffen Länge und Ordnung, geschwungene erzeugen Spannung und lassen schmale Reihenhausgärten breiter wirken. Der bewusste Einsatz von Wegen eröffnet ein großes Spielfeld für unseren individuellen Gartenplan. Psychologisch sind Wege so wichtig, dass sogar Rettungshunde im Wald erst lernen müssen, diese bei ihrer Suche nach Vermissten nicht als feste Grenze zu sehen, sondern auch darüber hinaus zu suchen. Das zeigt, wie tief das Konzept „Weg“ in uns verankert ist.

Wir assoziieren Grenze, Führung, Ziel und vielleicht den ein oder anderen romantischen Gedanken mit Wegen. Das machen wir uns zunutze. Legen wir einen Weg gerade vom Haus zur Gartenhütte an, wirkt die Form klar, die Funktion ist federführend. Lassen wir einen Pfad durch den Garten mäandern, um von A nach B zu kommen, bauen vielleicht eine Abzweigung ein, dann lädt er zum Schlendern, Entdecken und Verweilen ein. Was verbirgt sich hinter der nächsten Biegung? Möchtest du Waldflair mit einem Hackschnitzelweg (vielleicht mit Pilzen beimpft?), eher eckige Trittsteine oder Polygonalplatten aus Naturstein mit Gänseblümchen und Feldsalat in den Fugen? Ein Kiesweg

Bögen oder Tore führen uns in andere Räume. Oder eine andere Welt? Gute Gartengestaltung spielt mit Neugier und unserem Bedürfnis nach Geborgenheit.

kann ein echtes Trockenbiotop oder eine sterile Fläche sein, auf der man dauernd Beikräuter zupft. Je nach eigenem Gefallen und Gestaltungswunsch können so ganz unterschiedliche Effekte erzielt werden.

Darüber hinaus ist die schon angedeutete Frage der Nutzung sicher mit die wichtigste. Beete, die viel Pflege benötigen, sollten nah am Haus sein. Auch ein Gewächshaus oder die Gehege von Kleintieren, die tägliche Aufmerksamkeit benötigen, gehören in die unmittelbare Nähe. Dafür darf die Spielhütte der Kinder gerne hinter einer Wildobsthecke verschwinden. Privatsphäre und Naschereien für die einen und etwas Lärmschutz für die anderen. Ein sehr genauer Blick auf die eigenen Bedürfnisse und Wünsche und die Vielfalt der möglichen Elemente lohnt sich, um langfristig einen echten Traumgarten statt Gartenfrust zu erleben.

Räume schaffen

Die Bildung von Räumen hat zweierlei Effekt. Einerseits bieten uns Räume ein Gefühl von Sicherheit und Geborgenheit. Wenn wir darauf achten, auch freie, offene Flächen zu haben und uns den atemberaubenden Bergblick nicht zuzupflanzen (mein Neid sei dir gewiss, falls du den hast), dann schenken wir uns mit Hecken, Rosenbögen, Toren, Zäunen, solitär gesetzten Sträuchern, hohen Stauden und unterschiedlichen Höhen ein tiefes Gefühl von Heimeligkeit. Nachts sind es genau diese Räume – etwa eine Laube, ein von einer Efeuwand und ein paar Rosen gerahmter Sitzplatz oder die Bank unter einer Trauerweide –, von denen aus wir die Bewohner der Nacht entdecken können. Hier können wir den Vögeln lauschen, dem Plätschern des Brunnens zuhören und vielleicht, wenn wir uns ganz still verhalten, sogar einen Gartenschläfer beobachten.

Der zweite Nutzen von Räumen ist die Gliederung fürs Auge und fürs Hirn. Ein auf den ersten Blick komplett erfassbarer, weil offen daliegender Garten ist langweilig und wirkt dadurch kleiner. Egal, wie groß oder klein dein Garten ist: Wenn du Strukturen schaffst, hinter die ein Besucher blicken möchte, die neugierig auf das Dahinter machen, wirkt der Garten spannend und größer. Auch Eyecatcher wie Statuen, ein Brunnen oder eine besonders schöne Pflanze am Ende eines geschwungenen Weges haben diesen Effekt.

Alles eine Frage des Stils

Eine ausführliche Beschreibung aller gängigen Gartenstile und ihrer spezifischen Gestaltungsprinzipien und -elemente würde nicht nur den Rahmen dieses Buches sprengen, es gibt bereits ausgezeichnete Grundlagenwerke dazu. Deshalb nur so viel: Gartenbücher und das Internet bieten für jeden erdenklichen Geschmack und Stil vielerlei Inspiration. Es lohnt sich, sich einmal darüber Gedanken zu machen, was man selbst bevorzugt, denn, wie schon gesagt, eine einheitliche Grundstruktur und ein einheitlicher Stil schaffen Ruhe, die uns guttut.

Wichtig ist zu wissen, dass jeder Gartenstil sich erstens ökologisch aufwerten und als lebendiges Paradies gestalten lässt und zweitens ein Nachtgarten werden kann. Dafür braucht es, wenn der Garten nicht von Grund auf neu geplant werden soll, meist lediglich ein paar zusätzliche Pflanzen. Die in den nächsten Kapiteln folgenden Pflanzenporträts haben für jeden Gartentyp und Geschmack etwas zu bieten. Es lohnt sich allerdings auch sehr, über den Tellerrand zu spitzeln.

Ein moderner, cleaner Garten profitiert schon von einigen Knoblauchzehen, die, einmal zwischen die gepflegten Gräser gesteckt, bald zu kleinen Monden erblühen. Oder hast du schon einmal einen Trockenbachlauf gesehen? Der kann bei Regen Wasser führen, zum Teich transportieren oder gezielt versickern lassen, und er ist ein fantastisches Natur- und Klimagarten-Element. Bei Trockenheit dient er als extravaganter Weg und als Standort für zahlreiche Sonnenkräuter. Im wilden Naturgarten können reihig gepflanzte Beetumrandungen aus weißblühendem Schnittlauch oder moderne Funkien-Sorten ein bisschen Ruhe und „Mondschein" in die Beete bringen. Der steinerne Vorgarten kann leicht zu einem immer noch pflegeleichten und steinbetonten Trockenbiotop werden, wenn der Boden mit etwas Humus und Sand aufgewertet und mit weißem Lavendel, Skabiosen, Flocken- und Glockenblumen, Zitronen-Thymian und Weißem Mauerpfeffer bepflanzt wird. So erstrahlt der Vorgarten besonders nachts und lockt bestimmt die ein oder andere Fledermaus vors Haus.

Eine kleine (Mond-)Farbenlehre

Wir haben es ja schon angesprochen – das Prinzip des Mondgartens beruht auf seinen Farben. Weiße und helle Farben reflektieren das Mondlicht und leuchten so in der Dunkelheit, wenn der Rest des Gartens schwarz oder nachtblau wirkt. Für die Gestaltung gilt hier also: Viele helle Akzente setzen und eher mal zur weißblühenden Variante greifen.

Generell nutzen wir Farben in der Beetgestaltung, um unsere Wahrnehmung des Raumes zu beeinflussen. Dunkle Farben lassen weite Räume kleiner wirken und schaffen so Geborgenheit, während helle Farben eher Weite schaffen. Für diesen raumbildenden Effekt eignen sich beispielsweise dunkellaubige Sorten, die mit weißen oder hellen Blüten nachts einen weiteren Aspekt ergänzen. Nahezu schwarz belaubte Dahlien, der Wasserdost 'Chocolate' oder der Holunder 'Cherry Lace' sind nur einige der Beispiele.

Eine andere Regel besagt, dass wir Pastelltöne eher hinten im Garten pflanzen und knallige Farben wie Rot, Pink und Orange eher im Vordergrund. Das erhöht die Tiefenwirkung. Für den Nachteffekt müssen wir eine Dimension weiterdenken und in Beeten, die wir nah an der Terrasse oder am Haus haben und die viele tendenziell bunt blühend bepflanzen, einige weiße Akzente setzen. Diese unterstreichen tagsüber auf edle, zeitlose Weise ihre bunten Pflanznachbarn und stehlen ihnen nachts im Spotlight des Mondes die Show.

Dieses Prinzip gilt nicht nur für den Ziergarten. Auch der Nutzgarten hat einiges zu bieten. Zartes Schleierkraut, helle Gladiolen, Kosmeen und Herbst-Anemonen gibt es in jedem Bauerngarten. Dass aber auch viele Gemüsearten wunderschöne, oft helle und damit leuchtende Blüten ausbilden, wenn sie dürfen, ist uns oft nicht bewusst. So können wir viele Formen der Zwiebelgewächse blühen lassen und werden mit weißen oder zart lilafarbenen, schwebenden Vollmonden belohnt: Von den tischtennisballgroßen Schnittlauch-Möndchen bis zu den fast fußballgroßen Riesen-Zierlauch-Kugeln sind alle Größen vertreten.

Aber nicht nur die Blüten sind für die Gestaltung wichtig. Silbriges Laub ist ebenfalls nachts sichtbar, während blaugrüne Töne schon in der Dämmerung einen Hintergrund für die Stars im Mondbeet bilden. Die Blüten von Artischocken und Cardy treten nachts beispielsweise unscheinbar in den Hintergrund, lassen den Blättern aber die große Bühne.

Wer es bizarr mag, könnte sich an der (übrigens ebenfalls essbaren) Eselsdistel versuchen, die durch ihre schiere Größe, aber auch durch die Vielzahl an Tieren beeindruckt, die sie als Nahrungsquelle nutzen. Ihr bis zu 3 m hoher, silbrig grüner Wuchs zieht zu jeder Tageszeit alle Blicke auf sich, bringt im Dunkeln aber ein schemenhaftes Element in den Garten, das je nach Geschmack und Nervenkostüm zum Bestaunen und Erkunden oder ein bisschen zum Gruseln einlädt. Ob in Reih und Glied ordentlich sortiert im Gemüsegarten oder wild und ungezähmt: Gemüse und essbare Stauden haben ein oft noch ungeahntes Potenzial für die ästhetische Gestaltung unserer Gärten.

Tag und Nacht

Wichtig ist natürlich, Beete so zu planen, dass sie dauerhaft einen hübschen Anblick bieten. Auch wenn gerade die Sonne scheint. Viele der Blüten, die den Garten nachts leuchten lassen, blühen tagsüber genauso – sie schließen sich nachts nur einfach

Links: Bei Zierpflanzen achten wir auf die Farben, aber wie sieht's in deinem Gemüsebeet aus? Viele Pflanzen haben einen Mehrfachnutzen, Kreativität gewinnt.
Rechts: Weiß ist zeitlos und deswegen auch am Tag eine Farbe, die in unseren Gärten nicht fehlen darf. Strahlend schön lässt sie sich unendlich kombinieren.

nicht und eignen sich deshalb perfekt für eine Doppelnutzung. Silber überlaufene und weiß akzentuierte Blattschmuckstauden bieten bei Tageslicht einen wunderschönen Hintergrund für blühende Pflanzen (oder wirken für sich allein) und schimmern dann im Mondlicht umso geheimnisvoller.

Ob man dabei punktuell auf bunte Blumen setzt oder beetweise Farben kombiniert, bleibt ganz dem eigenen Geschmack überlassen. Auch reinweiß oder weiß und pastellig blühende Gärten sind möglich und tagsüber durch die Strahlkraft und Reinheit ihrer Blüten ein fantastischer Blickfang. Bei klaren Grundstrukturen, und um die richtigen Deko-Elemente ergänzt, wirken diese Gärten ausgesprochen zeitlos und kommen nie aus der Mode – egal zu welcher Tageszeit.

Mit Duft planen

Damit uns unsere Duftpflanzen nicht enttäuschen, ist es wichtig, solche mit besonders flüchtigem Duft einen geschützten Raum zu geben, in dem der Duft nicht so schnell verfliegen kann. Eine Laube bietet sich genauso an wie eine hohe Umpflanzung mit Gräsern oder Sträuchern. Es kann aber auch ein Gewächs im Topf sein, platziert in einer Ecke, in der zwei Wände zusammenlaufen.

Außerdem passen nicht alle Düfte gleichermaßen zusammen. Und nicht jeder mag jeden Duft. Probeschnuppern ist deswegen wichtig!

Es leuchtet!

Pflanzen, die den Mond und die Sterne vom Himmel in deinen Garten holen? Klingt märchenhaft? Ist es auch. Blüten und Blätter der Pflanzen in diesem Kapitel leuchten mal sanft, mal strahlend im Mondlicht. Modern und klar oder verzaubert romantisch eröffnen sich so neue Gestaltungsdimensionen.

Was leuchtet?

- Blüten
- Blätter
- Samenstände

Gut für …

- Nachtfalter & andere Schmetterlinge
- Wildbienen
- Käfer & weitere Insekten
- Fledermäuse
- Vögel
- Bilche & andere Kleinsäuger

Die Reihenfolge der aufgeführten Icons ergibt sich aus der Wichtigkeit. Finden sich an der Pflanze überwiegend Wildbienen, steht ihr Icon zuerst. Dies gilt im übertragenen Sinn auch für die Pflanzenteile: Welcher Teil hat den größeren gestalterischen Aspekt?

Ein Leuchten in der Nacht

In diesem Kapitel findest du Pflanzen, die das Mondlicht reflektieren und dadurch aussehen, als würden sie selbst strahlen. Dafür brauchen sie einen hellen, am besten reinweißen Teil. Ob das die Blüten oder die Blätter sind, ist für den Leuchteffekt egal, für unsere Gestaltung aber wichtig.

Blüten

Besonders schön wirken hell strahlende Blüten. Für jeden Geschmack und Stil finden sich die richtigen Formen, die klar-modern oder romantisch-verspielt den abendlichen Garten zieren. Egal, wohin wir schauen: Schlanke, aufrechte Blütenstände sind genauso wie die vielen Sterne von Sterndolde oder Rispigem Schleierkraut ein echter Hingucker. Die Wolken, die Holunder- oder Schneeballblüten bilden, sind ebenso schön wie ein ganzer Schlehen-Strauch, der im Frühjahr weiß explodiert. Bei der Auswahl sind neben den Standortansprüchen der Pflanzen und dem ökologischen Wert nur die eigenen Vorlieben und das harmonische Gesamtbild richtungsweisend.

Blätter

Zum Wachsen benötigen Pflanzen Chlorophyll. Das absorbiert Licht in unterschiedlichen Wellenlängen, das heißt in verschiedenen Farbspektren. Nur Grün nicht, weswegen diese Farbe zu uns zurückreflektiert wird und wir sie entsprechend wahrnehmen. Fehlt das Chlorophyll, hat die Pflanze ein Problem. Reinweiße Pflanzen sind deshalb nicht lange lebensfähig oder auf Hilfe von außen angewiesen, wie im Falle des Fichtenspargels, der zum Beispiel parasitär – über Mykorrhizapilze als Zwischenwirt – Nährstoffe von Bäumen abzweigt.

Die Pflanzen, die wir im Garten nutzen, sind entweder nur teilweise weiß, wie der panaschierte Efeu. Dann werden die hellen Teile von den grünen mitversorgt. Oder sie grünen im Laufe des Wachsens nach. Das ist beispielsweise bei der wirklich beeindruckenden Funkien-Sorte 'White Feather' der Fall. Sie treibt cremeweiß aus und wird später leicht grün.

Panaschierte, also „gefleckte" Blätter funktionieren in der Gestaltung unseres Mondgartens wunderbar. Wir achten nur darauf, dass wir sie mit einheitlich grünen Partnern kombinieren. Weil die weißen Flächen auf den Blättern unregelmäßig sind, gibt es bei

Warm und kuschelig für uns, in der Schale größtenteils ungefährlich für die Tiere der Nacht – so genießen wir die Abende mit gutem Gewissen.

zu vielen dieser Pflanzen in einem Beet sonst ein ziemliches optisches Chaos. Zu drei mittelgroßen blaugrünen Funkien der Sorte 'Halcyon' passen exemplarisch also fünf kleine panaschierte Verwandte der Sorte 'Loyalist' und fünf dazwischengesetzte Zierlauch-Monde. In Töpfen oder zusammen in einem großen Pflanzkübel, wie einem alten halbierten Weinfass, würde eine Funkie 'Devon Green' sich gut mit zwei bis drei Pflanzen 'Remember Me' ergänzen. Dazwischen passt etwas Schnitt-Knoblauch, der kleine weiße Monde bildet, die genauso wie die Blätter essbar sind, aber weniger strengen Geruch verursachen als ihr knolliger Cousin.

Licht

Natürlich spielt auch künstliche Beleuchtung eine große Rolle im modernen Nachtgarten. Die halten wir den Tieren zuliebe eher subtil und schalten sie aus, wenn wir sie nicht selbst nutzen. Für romantische Pärchenabende sind das einfach ein paar Gläser mit Kerzen, wenn wir Freunde dahaben oder eine größere Party schmeißen, können wir punktuell beleuchten und den Garten so fantastisch in Szene setzen. Aber Achtung: Zu viel oder an den falschen Stellen stiehlt das Licht unseren sorgsam ausgewählten Mond-Blumen die Show!

Schwärmer, Spanner und Glühwürmchen

Manch ein Tier ist selbst weiß und flattert wie ein kleiner Fetzen Mondlicht durch den Garten. Andere leuchten aktiv und bringen Magie in unsere Gärten. Glühwürmchen in den Garten zu locken, ist die hohe Kunst des Naturgärtners und ein tolles Ziel!

Künstliche Beleuchtung – modern und umweltbewusst

Es ist eine nicht ganz leichte Herausforderung, menschliche Bedürfnisse und Wünsche mit denen unserer lebenden Umwelt zusammenzubringen. Es gibt einige Punkte, auf die wir bei der Beleuchtung unseres Nachtgartens achtgeben sollten, wenn wir nicht zur um sich greifenden Lichtverschmutzung beitragen und stattdessen viele nächtliche Gäste in unseren Garten locken wollen.

1. **Auf die Farbtemperatur achten:** Kaltes Licht mit hohem Blauanteil wird von vielen Insekten mit dem Mond verwechselt, sie verlieren die Orientierung und sterben. Eine gold-rötliche Farbtemperatur bis 2200 Kelvin ist optimal und fühlt sich auch für uns Menschen warm und gemütlich an.
2. **Keine direkte Beleuchtung:** Beleuchtung nicht direkt in den Himmel, in Baumkronen und Hecken richten. Hier fliegen und schlafen die Tiere. Sie suchen Schutz und Ruhe und werden vom Licht aus dem Konzept gebracht. Gerade Bilche, aber auch Vögel werden so irritiert, dass sie sich in beleuchteten Gärten nicht blicken lassen und ihr Lebensraum so immer weiter schrumpft.
3. **Nur bei Bedarf anschalten:** Dafür eignen sich Bewegungsmelder, sodass Wege genau dann beleuchtet werden, wenn wir sie auch nutzen und einige Sekunden später wieder im Dunkeln liegen. Auch Lichtschalter sind eine klasse Erfindung. Natürlich können wir selbst als wichtiges Element im System Garten am Abend auch mal die Partylichter anschmeißen. Im Alltag schalten wir das Licht einfach aus, wenn wir ins Haus gehen und läuten so für uns und unsere Mitbewohner die Nacht ein. Die Uhrzeit von 21 bis 0 Uhr ist beispielsweise die Hauptaktivitätszeit der Glühwürmchen, die sich schlicht nicht finden und sich also auch nicht paaren können, wenn wir auf Dauerbeleuchtung schalten.

Innovative spannende Ideen für eine stimmungsvolle Abendbeleuchtung gibt es inzwischen viele. Besonders stilvoll wirken warme Lampen, die einen geschwungenen Weg flankieren. Neben der Tiefenwirkung entsteht so die Atmosphäre eines magischen Nachtgartens und die Neugier auf das Ziel des Weges. Auch Fackeln, Laternen und Lampions erzeugen eine natürliche Stimmung und laden zum Aufenthalt ein, ohne uns und die Tierwelt zu blenden.

Runde Leuchten, die wie Vollmonde in die Staudenbeete gelegt werden, integrieren sich hervorragend ins Gesamtkonzept unseres Mondgartens und können unsere nächtlichen Highlights ins Auge des Betrachters rücken.

Innovative und kunstvolle Leuchtelemente sind ein echter Hingucker. Sie leuchten für uns und werden nach der Party konsequent ausgeschaltet.

Auf Terrassen kann man an Wänden mit der sanften Beleuchtung von Stauden und Gräsern auch wunderbar mit Schattenwurf spielen. Die an die Fläche geworfenen Schatten können als beeindruckendes Gestaltungselement genutzt und mit Pflanzen in Töpfen auch von Abend zu Abend variiert werden. Schmale hohe, baumartige Strukturen wechseln sich so mit großblättrigen, dschungelartigen Abbildern ab und können das Thema der Feier widerspiegeln. Lichterketten können ebenfalls leichte, verspielte Akzente setzen und lassen sich ausgesprochen flexibel und vielseitig einsetzen.

Auch künstliches Licht bringt das Weiß unserer Blüten zum Strahlen, wenn wir es geschickt einsetzen. Eine Lichterkette im weißen Blütenmeer eines Obstbaumes zaubert eine warmweiße, sanft leuchtende Wolke. Kleine, glühwürmchenartige LED-Lampen können sowohl in Gläsern als auch an Wegen entlang platziert werden. Für diesen Zweck gibt es kleine Lichterketten, mit denen man auch Flaschen beleuchten kann. Und eine besonders hübsche Erfindung: gebündelte, kleine Lämpchen, die auf flexiblen Drähten wackeln. Sie imitieren somit selbst einen Schwarm Leuchtkäfer! Sie sollten deshalb nur bei Bedarf oder im sowieso erhellten Bereich genutzt werden.

Merke: Für jede Art der Beleuchtung gilt einfach und konsequent: Wenn wir uns nicht im Garten aufhalten, dann machen wir sie aus!

Allium

Zur Gattung der *Allium*-Gewächse gehören Pflanzen mit unterschiedlich großen, runden Blütenköpfen und verschiedenen Standortansprüchen. Im Beet bilden sie kleine Vollmonde, die über ihren Pflanzennachbarn schweben. Viele Arten sind essbar, andere nicht, aber alle lassen sich gestalterisch hervorragend in unseren Nachtgarten integrieren.

Zierlauch 'Mount Everest'

Allium × stipitatum

Mehr Mond geht nicht – bis zu 1,20 m stehen die großen Blütenkugeln dieser Sorte über dem Beet und zählen damit zu den beeindruckendsten Vertretern der Art. Wüchsige, bodendeckende Stauden oder Gräser kaschieren das vergilbende Laub im Herbst, während die hohen Blütenstände bis ins nächste Frühjahr ein Blickfang bleiben. Auch schön: der kleine Bruder *Allium nigrum* (Schwarzer Lauch).

Zwiebel

Allium cepa

Kleiner, aber dafür essbar, sind die Blüten der Speisezwiebeln. Aus Zwiebeln, einfach zwischen die Stauden gesteckt, erblühen auch hier ab Mai kleine Monde. Je nach Sorte allerdings auch mal in Violett. Nach der Blüte können die oberirdischen Röhren wie Lauchzwiebeln geschnitten und genutzt werden, die Samen sorgen im Garten später für eine reiche Zwiebelernte – oder ein Mondmeer.

Schnittlauch 'Corsican White'

Allium schoenoprasum

Schnittlauch ist nicht nur ein beliebtes Küchenkraut, sondern auch eine vielseitige Zierde. Es gibt einige weißblühende Sorten, wie die 'Corsican White'. Besonders gut macht der Schnittlauch sich als Begleiter im Beet, aber auch im Topf. So kann man ihn mit passenden Partnern auf die Terrasse holen und direkt am Tisch ernten. Ein Mond-Salat im Nachtgarten? Oder kleine, schwimmende Monde auf der Suppe? Perfekt!

Knoblauch

Allium sativum

Wie die Speisezwiebel blüht auch Knoblauch, wenn man ihn lässt, in runden, kleinen Scheindolden, die sich perfekt im Nachtbeet machen. Im Oktober in den Topf oder ins Beet gesteckt blüht er im Sommer. Knoblauch bildet keine Samen im eigentlichen Sinn, sondern sogenannte Brutknöllchen oder Brutzwiebeln. Sie können an Ort und Stelle sich selbst überlassen oder gezielt gesteckt werden und bilden im ersten Jahr Rundlinge, im zweiten Knoblauchknollen.

Schnitt-Knoblauch
Allium tuberosum

Dieses Küchenkraut wächst straff aufrecht wie ein Gras und kann gut als Füllstaude genutzt werden. Seine Blätter werden einfach geschnitten und wie Knoblauch genutzt. Der penetrante Geruch nach dem Genuss fehlt hier – aber kleine weiße mondähnliche Blütenstände, die gibt es im späten Sommer. Und sie bereichern nicht nur das Beet, sondern auch den Salat beim Abendessen im sanft schimmernden Nachtgarten.

Bärlauch
Allium ursinum

Besonders früh ist diese beliebte Würzpflanze dran. Ab März bietet sie neben den leckeren Blättern auch als eine der wenigen *Allium*-Gewächse die Möglichkeit, halbschattige bis schattige feuchtere Stellen im Garten zu begrünen, bevor die Stauden- oder Strauchschicht darüber richtig loslegt. Auch die Knospen und kleinen Blütenmonde sind sehr lecker und roh, eingelegt oder im Wok nutzbar.

Neapel-Lauch

Allium neapolitanum

Diese Pflanze ist etwas für Minimalisten und wirkt zeitlos klassisch. Zart und reinweiß präsentieren sich die Blüten dieser Lauch-Art schon ab April. Auch sie sind essbar und erfreuen somit nicht nur das Auge. Mit ihrer kleinen grüngelblichen Mitte ergänzt sie auch Blumenarrangements in der Vase perfekt. Als südlicher Vertreter seiner Gattung mag es der Neapel-Lauch eher trocken und warm. Aufgrund einer namentlichen Veränderung findet man die Art auch noch unter ihrem vorigen Namen *Allium cowanii* im Handel.

Kugel-Lauch 'Purple Sensation'

Allium aflatunense

Diese Zuchtform bildet tieflila Monde, die zwar nachts nicht leuchten, dafür aber duften. Sie blüht schon im Mai und lässt sich im Staudenbeet zu beeindruckenden, malerischen Kreationen mit Gräsern und niedrigeren Stauden kombinieren. Die Farbintensität ist außergewöhnlich und wirkt noch einmal besonders stark vor einheitlich grünen und hellen Tönen.

Für die Mondgarten-Tischdeko

Zierlauch-Blüten sind hervorragende Schnittblumen. Kombinieren kann man sie in der Vase wunderschön mit langen Gräsern, den klingenden Mondviolen-Samenständen (vom Vorjahr), Frauenmantel, weißer Glockenblume und filigranem Schleierkraut. Auch Pfingstrosen, weiße Rosen und aparte Zweige von Korkenzieherhasel oder -weide sowie Ranken von Clematis und Efeu ergänzen die Lauchblüten hervorragend.

Anemone

Anemone

Auf einen Blick
Höhe: 10–80 cm
Breite: 10–50 cm, je nach Art
Blüte: Frühjahr oder Herbst, je nach Art
Standort: artabhängig

Ich persönlich liebe alle Anemonen-Arten. Dazu zählen von den großen asiatischen Herbst-Anemonen bis zum kleinen Busch-Windröschen verschiedene Wild- und Zuchtformen, die alle mit filigranem Wuchs und wunderschönen Blüten begeistern. Sie sind außerdem sehr vielseitig in der Gestaltung zu verwenden und die heimischen Wildformen sind gern gesehene Futterpflanzen für die hiesige Fauna. Busch-Windröschen stehen unter Naturschutz und dürfen nicht aus dem Wald mitgenommen, aber gerne gekauft werden. Sie wachsen sehr langsam und sind deshalb anfällig für Störungen.

Japan- und Herbst-Anemonen dagegen pflanzen wir hauptsächlich für unseren eigenen ästhetischen Mehrwert. Die anmutigen Blüten wirken in jedem Beet erhaben. Sie geben dem Garten einen natürlich-eleganten Look und sind, einmal etabliert, pflegeleicht.

Die *Anemone sylvestris* – das Große Wald-Windröschen – duftet leicht als weiterer Bonus und ist mit seinen großen, schalenförmigen Blüten zu jeder Tages- und Nachtzeit ein Hingucker.

Achtung vor der Herbst-Anemone ‘Robustissima’, die ist – wie der Name vermuten lässt – sehr robust. Sie empfiehlt sich nur für große Naturgärten und schwierigere Standorte, da sie sonst vollkommen ausufert. Generell sind die Sorten von *Anemone tomentosa* sehr wüchsig, *Anemone-japonica*-Hybriden breiten sich nicht so stark aus.

Meine Empfehlungen

- Die Herbst-Anemonen (*Anemone hupehensis*) ‘Snow Angel’ und ‘Honorine Jobert’ trumpfen mit reinweißen Blütenblättern in Kontrast zur tiefgelben Mitte auf und sind für unseren Zweck besonders geeignet.

Weidenblättrige Birne

Pyrus salicifolia

Auf einen Blick
Höhe: 3–8 m
Breite: 3–4 m
Blüte: April
Standort: Sonne, trockener bis normaler Boden
Info: Optik ähnlich Olivenbaum

Ein Must-have für den mediterranen Garten. Der Wuchs dieses außergewöhnlichen Baumes erinnert stark an Olivenbäume, auch wenn die Früchte leider nicht schmecken. Der zarte, reifähnliche Silberschimmer untermalt die schöne Form auch im Mondlicht. Hier ist auf Einzelstellung oder eine Pflanzung mit starkem Kontrast, beispielsweise vor einer Efeuwand oder vor Nadelbäumen zu achten, um den vollen ästhetischen Effekt zu erzielen. Eine besondere Zierde ist die hängende Wildbirne 'Pendula' im Herbst, wenn sie sich strahlend gelb färbt.

Die schöne Erscheinung soll uns nicht täuschen – der Baum schützt seine weißen, sternartigen Blüten mit Dornen. Damit bietet er Vögeln einen sicheren Nistplatz. Aber auch Kleinsäuger wie der Siebenschläfer finden sich hier ein. Denen schmecken nämlich die Früchte. Die Weidenblättrige Birne dient diversen Raupen von Nachtfaltern als Futterpflanze.

Da der Baum es gerne warm und trocken mag, passt er in ein Trockenstaudenbeet; vielleicht in Kombination mit einem Sandarium für Wildbienen und einigen leckeren mediterranen Kräutern? Auch wunderschön und ausgefallen präsentiert er sich an einer komplett mediterran gestalteten Sitzecke mit Terrakottatöpfen und Wacholder.

Meine Empfehlung

- hängende Wildbirne 'Pendula': für kleine Gärten

Efeu

Hedera helix

Er ist als mauerschädigendes Ungetüm verschrien und hat doch aus gestalterischer wie ökologischer Sicht einiges zu bieten. Als immergrüne Rankpflanze bildet der Efeu einen dunklen Hintergrund für jedes Beet. Er ist genügsam und wächst sowohl in der Sonne als auch im Schatten.

Inzwischen kann man Efeu auch als Strauch kaufen (oder über Stecklinge selbst ziehen), so kann er solitär eingesetzt werden. Im Nachtgarten nutzen wir seine Fähigkeit, andere Pflanzen zu unterstreichen und einen samtig-dunklen Kontrast zu allem hell Blühenden zu bilden.

Meine Empfehlungen

- 'Variegata' und 'Glacier' (im Bild): weiß panaschiertes Laub
- 'Ovata': besonders schön gerundetes, bläuliches Laub

Auf einen Blick

Höhe: 4–20 m,
Breite: abhängig von der Rankhilfe
Blüte: September bis November
Standort: Sonne bis Schatten, trockener bis frischer, normaler Boden
Info: wertvolles Winterfutter und Unterschlupf

Baumkiller Efeu

Es ist ein Mythos, der sich hartnäckig hält. Der Efeu raube Bäumen Licht, Wasser und Nährstoffe, ja, er erwürge sie sogar. Die Wahrheit: Efeu schädigt keine gesunden Bäume. Im Gegenteil fördert der lebende Mulch auf der Baumscheibe das Wachstum des Baumes und unterdrückt das für den Baum schädliche Gras. Die dicke immergrüne Blattschicht schützt vor Sonnenbrand und Frostrissen. Lediglich junge, noch kleine sowie kranke Bäume sollten keinen Efeu als Partner kriegen.

Entdeckertipp

Efeu blüht und fruchtet in der kalten Jahreszeit und bietet ganzjährig Unterschlupf. Summt oder zwitschert es in deinem Efeu gerade? Vielleicht entdeckst du einen Schmetterling, der abends Schutz im Efeu sucht?

Eselsdistel und Mannstreu

Onopordum acanthium und *Eryngium giganteum*

Auf einen Blick
Höhe & Breite: arten- und sortenabhängig
Blüte: Sommer bis Herbst
Standort: Sonne, trockener bis frischer, durchlässig-humoser Boden
Info: oft sehr auffälliger Wuchs

Wehrhafte, eigenwillige Pflanzenpersönlichkeiten, die gemeinhin häufig – aber botanisch nicht ganz korrekt – als Disteln bezeichnet werden, dürfen in unserem Mondgarten nicht fehlen: Eselsdistel und Mannstreu. Während die heimischen Arten sehr insektenfreundlich sind und Nachtfalter anlocken, haben das Elfenbein-Mannstreu 'Silver Ghost' und die Gewöhnliche Eselsdistel (*Onopordum*) noch etwas anderes gemein: Ihr Wuchsbild ist bizarr und ganz anders, als wir es von unseren Gartenpflanzen gewohnt sind. Die Eselsdistel wird bis zu 3 m hoch, während das Elfenbein-Mannstreu unter 1 m bleibt. Beide sind komplett silbrig gefärbt und haben stachelige Blätter, die Eselsdistel blüht lila, das Mannstreu silber-weiß.

Die riesige Eselsdistel ist tags wie nachts ein skurriler Blickfang, ihre Stängel, Blattrippen und ihre Wurzel sind außerdem essbar und werden ähnlich wie Spargel oder als Wokgemüse zubereitet. Solitär im sonnigen Vorgarten oder vor einer grünen Wand aus Efeu kommt die Pflanze besonders schön zur Geltung. Die Elfenbein-Distel ergänzt Sonnenbeete um einen nächtlichen Akzent.

Meine Empfehlungen

- Flachblatt-Mannstreu (*Eryngium planum*) steht auf der Roten Liste - gerne pflanzen und retten! Es zieht besonders viele Schwebfliegen an.
- Elfenbein-Mannstreu 'Miss Willmott's Ghost' (*Eryngium giganteum*) besticht durch seine geisterhaft weißen, sternförmigen Blätter.
- Weitere bizarre Distelartige: Banater Kugeldistel 'Star Frost' (*Echinops bannaticus*) ist sehr trockenheitsstabil und hat kugelrunde Blütenstände; die Kohldistel (*Cirsium oleraceum*) und Gewöhnliche Kratzdistel (*C. vulgare*) ziehen extrem viele Wildbienen und Nachtfalter an!
- Achtung invasiv! Die Kugeldistel 'Arctic Glow' und die Drüsenblättrige Kugeldistel gelten als potenziell invasiv! Bitte vom Kauf absehen.

Funkie

Hosta

Die unaufdringlichen Stars des Schattengartens! Die winterharte, pflegeleichte Staude für dunklere, feuchte Ecken gibt es in vielen Farbvarianten und Größen. Große Sorten mit blaugrünen Blättern schaffen einen stimmungsvollen Hintergrund, vor dem die hell panaschierten im Mondlicht ihren großen Auftritt haben. Sorten mit dickeren Blättern sind oft schneckenresistent.

'White Feather'

Die wohl außergewöhnlichste Zuchtform unter all den beeindruckenden *Hosta*-Sorten ist die 'White Feather'. Ihre Blätter erscheinen hell- bis cremeweiß. Sie entwickeln erst spät zartgrüne Adern. Durch das viele Weiß ist sie recht empfindlich gegen Sonne und Schnecken. Gut gepflegt setzt sie jedoch wunderschöne Akzente im Nachtbeet oder als Topfpflanze auf der Terrasse.

'First Frost'

Sie besticht durch den Farbwechsel des Randes von Gelb nach Cremeweiß und ihr flottes Wachstum. Wie alle Funkien passt sie mit Farnen, Elfenblumen, Salomonsiegel und Silberkerze ins Schattenbeet. Besonders toll und namensgebend: Sie schmückt sich lange, bis zum ersten Frost, mit ihren Blättern. Durch ihre mittlere Größe ist sie auch für den Topf geeignet.

'Fire and Ice'

Diese *Hosta* ist eine absolut gelungene, kleiner bleibende Sorte, die durch ihren kompakten, runden Wuchs und die besonders helle Blattmitte brilliert. Sie eignet sich für den Vordergrund von halbschattigen bis schattigen Mondbeeten oder in Reihe gepflanzt als außergewöhnliche Beetumrandung. Ähnlich, aber mit schmaleren Blättern: 'Remember Me'.

Duftende Lilien-Funkie 'Royal Standard'

Vor dem hellen Apfelgrün der Blätter leuchten bei dieser Hybride wunderschöne reinweiße Blüten, die duften. Deshalb pflanzt man sie am besten an einen Sitzplatz, der, im Gegensatz zu ihrer Verwandtschaft, gern heller sein darf. Pralle Sonne sollte es nicht sein, aber auch kein tiefer Schatten, sonst blüht sie nicht.

'Devon Green'

Dunkelgrüne, dick geaderte Blätter machen diese Sorte zum Blickfang. Sie wirkt im Beethintergrund ruhig und lässt ihre Pflanznachbarn strahlen, ohne selbst auf ihren Auftritt zu verzichten. Ihre hohen, zartlila Blütenstände stehen in schönem Kontrast zum Grün der Blätter, die sich im Herbst gelb färben. Durch ihre robuste Textur ist sie recht schneckenresistent und pflegeleicht.

Glockenblume

Campanula

Glockenblumen sind für mich eine der bezauberndsten Erfindungen von Mutter Natur. Und es gibt sie in vielen Varianten für jeden Stil und Standort. Für den Mond-Effekt kaufen wir natürlich weiße Sorten! Damit bringen wir Leichtigkeit und zeitlose Eleganz in unsere Beete.

Zwerg-Glockenblume

Campanula cochleariifolia

Diese Variante der Glockenblume wird gerade 15 cm hoch und bildet dichte Teppiche. Die Zwerg- oder auch Niedliche Glockenblume gibt es in Blau, die Sorte 'Alba' ist weiß. Sie werden am besten als Bodendecker in Steingärten oder in Mauerritzen eingesetzt und blühen dort ohne Pflege üppig. Das mögen auch die Insekten!

Pfirsichblättrige Glockenblume 'Alba'

Campanula persicifolia

Ein weißeres Weiß findet sich selten im Garten. Ihr hoher, schlanker Wuchs wirkt elegant und zeitlos. Die Blätter sind auch im Winter grün und bringen so etwas Frische in die meist braunen Beete. Wie alle Glockenblumen lässt sich auch diese problemlos im Kübel halten und harmoniert mit Rosen und Fingerhut.

Knäuel-Glockenblume 'Alba'

Campanula glomerata

Diese Variante ist eher selten. Dabei ist sie pflegeleicht und außergewöhnlich. Ihre Blüten sind essbar und es gibt sie in leuchtendem Lila, aber auch in reinem Weiß. Am schönsten wirken die beiden Farben zusammen. Neben einigen Spannern bedienen sich viele Wildbienen am reichlich vorhandenen Nektar.

Wald-Glockenblume 'Alba'

Campanula latifolia var. *macrantha*

Diese weißblühende Schattenpflanze punktet mit tiefen Kelchen, die Licht in schattige Bereiche des Gartens bringen. Wir kombinieren sie geschickt mit Funkien und Farnen und holen uns die Atmosphäre eines lichten Waldes nach Hause.

Spezialisten vs. Generalisten

Unter den Wildbienen, unseren Hauptbestäubern, gibt es beides (und eine Zwischenform). Die einen, die an jeder Blüte finden, was sie brauchen, das sind die Generalisten. Die Spezialisten jedoch haben ein Problem, wenn es ihre Pflanze nicht mehr häufig gibt. Ein Beispiel ist die stark gefährdete Glockenblumen-Schmalbiene, die dringend auf, na, rate mal … Glockenblumen angewiesen ist. Im Sinne der wichtigen Biodiversität gilt es also, möglichst vielfältige und vor allem heimische Stauden und Kräuter in möglichst ursprünglicher Form zu pflanzen.

Glühwürmchen: Tanzende Sterne im Mondgarten

Etwas Magischeres kann ich mir kaum vorstellen: Abends im Garten auf der noch warmen Natursteinmauer sitzen und Glühwürmchen tanzen sehen. Leider müssen wir dafür kämpfen, dieses Vergnügen in Zukunft noch erleben zu dürfen. Leuchtkäfer sind stark von der heutigen Landwirtschaft, der Lichtverschmutzung und vielen weiteren Faktoren bedroht.

Bevorzugtes Futter

Schnecken – auch Nacktschnecken! Eine tolle Nachricht für uns Naturgärtner. Ohne Nacktschnecken keine Glühwürmchen. Macht das den Kampf gegen die gefräßigen Kriecher (wenn man ihn denn aufgenommen hat) nicht viel erträglicher, sich vorzustellen, wie so eine große Nacktschnecke von einer kleinen Glühwürmchen-Larve angegriffen wird? Schneckenkorn ist deswegen ein absolutes No-Go in einem Garten, in dem man die winzigen Fackelträger zu Gast haben möchte.

Fliegende Glühwürmchen sind hierzulande immer Männchen des Kleinen Leuchtkäfers, denn die des Großen können nicht leuchten und die Weibchen fliegen nicht. Überall dort, wo es noch dunkel genug ist und einigermaßen unberührte Natur gibt, wie an Waldrändern, auf Wiesen und in Parks oder an offenen Gewässern, gibt es vielleicht noch Glühwürmchen.

Entscheidungen zugunsten der kleinen Glücksbringer

Die wichtigste Maßnahme ist der Verzicht auf Schneckenkorn, Pestizide und synthetische Dünger! Künstliche Beleuchtung sollte sehr sparsam eingesetzt werden, denn sie hält die Männchen ab und stört die Aktivitäten der Larven, vor allem von 21 bis 0 Uhr!

Totholzhaufen dienen den Weibchen und den Larven als Unterschlupf sowie zur Überwinterung. Haufen von Laub und Rasenschnitt sowie Komposthaufen entwickeln Wärme, die mögen die Weibchen supergerne. Wildhecken bieten Schutz, Versteckmöglichkeiten und das Waldrandfeeling, das die Käfer mögen. Ebenfalls an die Leuchtkäfer-Mädels richtet sich das Angebot von Trockenmauern. Hohe Plätze sind eine gute Möglichkeit, auf sich aufmerksam zu machen.

Gemäht werden sollte vor Mai und ab September – sonst schreddert man einfach zu viele Insekten und so potenziell auch Glühwürmchen und ihre Larven mit. Eine Höhe von mindestens 14 cm schützt auch Amphibien. Wenn wir die Wiesen nur teilweise mähen, geht nicht die ganze Fläche auf einmal verloren. Der Rasenschnitt sollte an anderer Stelle im Garten verwendet werden, damit sich die Nährstoffe nicht auf der Fläche sammeln. Blumenwiesen sind umso artenreicher, je magerer sie sind. Ecken, die nur der Natur gehören, sind das Nonplusultra. Davon profitiert das Gleichgewicht im Garten und dadurch auch der Gärtner.

Kletter-Hortensie

Hydrangea anomala subsp. *petiolaris*

Auf einen Blick
Höhe: 6–10 m
Breite: 2–4 m
Blüte: Juni/Juli
Standort: Sonne bis Schatten, frischer bis feuchter, durchlässig-humoser Boden
Info: dichter Wuchs, bildet ein beliebtes Vogelheim

Es gibt nicht viele Kletterpflanzen, die auch im Schatten ein so herrliches Wuchsbild schaffen, wie die weiße Kletter-Hortensie. Sie mag es feucht, das ist aber auch schon ihr einziger Anspruch. Wichtig ist, Kletterhilfen an verputzten Wänden 5 bis 10 cm von der Wand entfernt aufzustellen. Massiven Steinmauern tun die Haftwurzeln nichts, aber Putz wird von ihnen nicht unbedingt schöner. Auch Pergolen, unschöne Regenrohre oder andere optische Makel lassen wir hinter einer grünen Wand verschwinden, wenn wir diesen Selbstklimmer davorsetzen.

Die rein cremeweißen üppigen Blüten bilden im Hochsommer einen tollen Kontrast zu den Blättern der Hortensie. Sie ziehen außerdem, im Gegensatz zu den meisten anderen Hortensien, viele Insekten an und sind eine gute Bienenweide.

Als Leinwand im Hintergrund unserer Mondbeete wirkt ihr Tiefgrün geheimnisvoll und ergänzt damit besonders schön unsere Schattenecken mit Waldatmosphäre. Je nach Lichtangebot kann entweder mit Clematis, Efeu und eben Schattenstauden oder mit Pfingstrosen, Rosen und Sonnenstauden kombiniert werden. Nur einen einzigen Nachtteil bringt die schöne Kletterpflanze mit sich: Sie wächst doch recht langsam.

Meine Empfehlung

- 'Silver Lining' trägt panaschiertes Laub und duftet zusätzlich.

Malve und Stockrose

Malva und *Alcea*

Malven und Stockrosen gehören in den Bauerngarten! Beide gehören zu den Malvengewächsen und werden hier deshalb zusammen behandelt.

Neben den schönen Blüten teilen die beiden Arten weitere Eigenschaften. Sie bevorzugen eher sonnige Standorte und werden dort richtig groß. Die Malve ist eine Heilpflanze und komplett essbar. Ihre Blüten werden gerne für Tee getrocknet und halten dabei die Farbe. Auch die Stockrose ist essbar – hier werden die Blätter verwendet.

Einige Sorten sind wunderbar für den Kübel geeignet und bringen wilde Romantik in alle Ecken des Gartens. Beide Arten werden gerne von Bienen aufgesucht, mit der Malve tun wir allerdings gleich zwei gefährdeten Tierarten einen großen Gefallen. Sowohl die Malven-Langhornbiene als auch der nachtaktive Malven-Blattspanner benötigen die Malve dringend als Futterpflanze. Braun, aber sehr schön gefärbt und für ein nächtliches Stelldichein zu haben, ist die Achateule, nach der man am Abend Ausschau halten kann.

Auf einen Blick
Höhe: 60–200 cm, je nach Art
Breite: 40–60 cm
Blüte: Juli bis Oktober, je nach Art
Standort: Sonne bis Halbschatten, trockener bis frischer, durchlässig-humoser Boden

Meine Empfehlungen

- Moschus-Malve 'Alba' (*Malva moschata*): kübelgeeignet, schnittgeeignet
- Garten-Malve 'Zebrina' (*M. sylvestris*): kübelgeeignet, sehr blühfreudig (im Bild)
- Schwarze Garten-Stockrose 'Nigra' (*Alcea rosea*): setzt dunkle Kontraste

Mondviole

Lunaria rediviva

Auf einen Blick
Höhe: 30–140 cm
Breite: 30–50 cm
Blüte: Mai bis August
Standort: Halbschatten bis Schatten, frischer, durchlässiger bis lehmiger Boden
Info: Die Mittelwände der Samenschoten bleiben als silbrige „Taler" stehen.

Was für ein wundersames Gewächs. Typisch für die Mondviole sind ihre außergewöhnlichen, silbrig aushärtenden Mittelwände der Samenhülsen, die ihr den ebenfalls bekannten Zweitnamen Ausdauerndes Silberblatt eingebracht haben. Die „Taler" findet man teilweise sogar als Dekoration im Handel, weil sie so auffallend schön sind und lange halten. Man kann sie für Trockengestecke, Kränze und alle möglichen Basteleien verwenden.

Die Staude gehört zur Familie der Kreuzblütler und blüht zwischen fast weiß und deutlich lila. Die Blüten duften nach Flieder und ziehen Nachtfalter und Bienen an.

Die Pflanze fühlt sich im feuchten Halbschatten bis Schatten wohl und passt damit wunderbar in Beete am Gehölzrand oder mit Funkien, Silberkerzen, Wald-Geißbart, Farnen und Lungenkraut in den Schatten hinterm Haus.

Entdeckertipp

Die Mondviole spricht viele Sinne an. Dass sie blühend duftet und viel fürs Auge bietet, habe ich schon erwähnt, aber es gibt auch etwas zu hören: Bis in den Winter hinein kann man die Schoten der Mondviole in Bewegung versetzen und ein sanftes Geräusch erzeugen. Mit den Fingern können wir die hauchdünnen Wände erfühlen und die glatte Oberfläche erkunden, ohne sie zum Brechen zu bringen. Eine perfekte Pflanze für das Ganzjahres-Natur-Erlebnis für große und kleine Gärtner.

Pampasgras

Cortaderia selloana

Ein typisches Beispiel für meine 80:20-Regel – wenn wir etwa 80 Prozent des Gartens auch für unsere Natur und die Tiere, die darauf angewiesen sind, planen, dann können 20 Prozent einfach nur für uns da sein und müssen keinen ökologischen Mehrwert haben. Das Pampasgras ist so eine Pflanze. Es bietet unserer Fauna keinen Mehrwert und ist dennoch nicht ohne Grund so beliebt. Es sieht einfach das ganze Jahr fantastisch aus! Einmal gepflanzt wächst es robust und pflegeleicht und lässt sich hervorragend als Sichtschutz einsetzen oder um Beete, die im Winter eher unscheinbar sind, aufzupeppen. Als Hintergrund für die vertrockneten Blütenstände anderer Stauden (die erst im späten Frühjahr geschnitten werden dürfen, denn: Insektennachwuchs gehört nicht in die Tonne!) wirkt das schilfähnliche Gras mit seiner hellen Herbstfärbung sehr harmonisch. Passt zu Fetter Henne, Sonnenhüten, Lavendel und Reitgras. Verschiedene Sorten bieten verschiedene Vorteile.

Auf einen Blick

Höhe: 60-250 cm, je nach Art
Breite: bis 1,20 m
Blüte: September/Oktober
Standort: Sonne, trockener bis frischer, durchlässiger Boden
Info: Nicht jede Sorte ist sicher winterhart.

Meine Empfehlungen

- 'Pumila' (im Bild) eignet sich für kleinere Gärten, die Blütenrispen werden mit der Zeit silbrig.
- 'Weiße Feder' hat reinweiße Blütenwedel und ist immergrün.
- 'Stunningdale Silver': Die graugrünen Blätter kontrastieren die silberweißen Wedel wunderschön.
- 'Silver Comet' hat weiße Wedel und weiß gestreifte Blätter. Da diese Sorte relativ klein bleibt, eignet sie sich besonders für die harmonische Kombination mit Stauden.

Pfingstrose

Paeonia

Auf einen Blick
Höhe: bis 1,50 m, je nach Art
Breite: 80–100 cm
Blüte: Mai/Juni
Standort: Sonne, Bodenansprüche sortenabhängig
Info: extrem standorttreu

Noch aus Omas Zeiten ist die Pfingstrose uns allen als Klassiker des geliebten Bauerngartens bekannt. Da sie ausgesprochen langlebig ist und eigentlich kaum Pflegeansprüche stellt, außer, dass sie bitte nicht versetzt werden will, ist sie auch heute noch eine Bereicherung für jeden pflegeleichten Garten. Gestalterisch kommt sie mit ihren Blüten im Mai und Juni ganz groß raus, aber auch im Rest des Jahres ist sie ein wunderbares Element im Beet. In modernen, klar strukturierten Gärten lässt sich die Pfingstrose als Eyecatcher in einem Gräserbeet oder als Akzent zwischen in Form geschnittenen Sträuchern setzen. Wir haben die Auswahl aus einer Vielzahl toller, teils sehr außergewöhnlicher Sorten. Ungefüllte Blüten werden von Bienen besucht.

Meine Empfehlungen

- Die weißblühenden *Paeonia*-Hybriden 'Love Affair', 'Claire de Lune' und 'White Innocence' (im Bild) sowie die Edel-Pfingsrose 'Krinkled White' sind ungefüllt und daher für Insekten zugänglich und wunderschön. Letztere duftet stark.
- *Paeonia* Hybride 'Late Windflower' blüht weiß, eignet sich gut als Schnittblume.
- *Paeonia lactiflora* 'Duchesse de Nemours' bildet gefüllte, weiß leuchtende Monde und duftet gut.
- 'Shirley Temple' präsentiert sich beim Aufblühen zartrosa, später strahlend weiß. Auch sie ist gefüllt und duftet intensiv, eignet sich auch als Schnittblume.

Rispiges Schleierkraut

Gypsophila paniculata

Auf einen Blick
Höhe: 80–100 cm
Breite: 60–70 cm
Blüte: Juli/August
Standort: Sonne, trockener bis frischer, durchlässiger bis normaler Boden

Nur ein Nachtfalter nutzt das Rispige Schleierkraut als Raupenfutter: die vom Aussterben bedrohte Gipskraut-Kapseleule. Für uns aber ist es einfach eine optische Bereicherung im Mondgarten – die vielen kleinen Blüten sammeln sich zu großen Wolken, die aufgrund ihrer Höhe federleicht über den Beeten schweben. Im Mondlicht wirken die weißen Blüten wie Sternennebel, die besonders vor dunkelgrünen Beeten eine schöne Stimmung zaubern.

Außerdem ist die Pflanze wunderbar als Bodenfestiger geeignet, kann als Pfahlwurzler den Boden lockern und ziert Töpfe genauso wie Beete.

Anhaltend feuchten Boden mag das Schleierkraut genauso wenig wie Dünger, was uns schon die Vorzüge der Pflanze anzeigt. Sie liebt nicht nur magere, sonnige Standorte, sie schafft es problemlos durch trocken-heiße Sommer und ist deshalb ein echter Klimaheld. Im Beet ergänzt sie wunderbar Steppen-Salbei, die wunderschöne Deutsche Schwertlilie und Wiesen-Witwenblume, Rundblättrige Glockenblume, Saat-Esparsette, Fette Henne, Kartäuser-Nelke und Cola-Kraut für den besonderen Duft-Kick.

Wissenswert

In einigen Heimatstandorten von Südeuropa bis Sibirien verbreitet sich das Schleierkraut als vertrocknete, vom Wind getriebene Kugel, ganz ähnlich der Jericho-Rose.

Silberkerze

Cimicifuga

Auf einen Blick
Höhe: 1,50–2,50 m
Breite: 40–100 cm, je nach Art und Sorte
Blüte: August/September
Standort: Sonne bis Schatten, frischer bis feuchter, durchlässiger, humoser Boden

Die verschiedenen Silberkerzen-Sorten präsentieren sich samt und sonders als robuste, pflegeleichte Stauden mit wunderschönen, zarten Blütenständen. Sie fühlen sich hauptsächlich im Halbschatten und Schatten wohl und mögen keine Trockenheit. Die reinweißen Blüten blühen häufig bis in den Oktober und sind so eine willkommene späte Nahrungsquelle für Bienen. Je nach Sorte sind die Blüten einzeln eher unscheinbar, in ihrer Masse als hohe Kerze bringen sie aber auffällige Eleganz in den Garten und duften angenehm.

Meine Empfehlungen

- August-Silberkerze (*Cimicifuga dahurica*) hat interessante verzweigte Blütenstände.
- Oktober-Silberkerze (*C. simplex*, im Bild) bildet „fluffigere“ Blüten aus.
- Lanzen-Silberkerze (*C. ramosa*) überzeugt mit besonderer Optik. Ihre lanzenähnlichen Blütentrauben ragen stabil bis zu 2,50 m ins abendliche Dunkel.

Pflanztipp

Diese schöne Staude macht sich hervorragend in einem Waldgarten-Beet. Zusammen mit großen und kleinen Farnen, Funkien, Elfenblumen, Wald-Geißbart und weißen Wald-Glockenblumen können wir Gehölze wie Faulbaum, Strauch-Efeu, Berberitzen, Scheinkerrie, aber auch halbschattenverträgliche Obstbäume wie die Pflaume ‘Hauszwetschge’ oder den Apfel ‘Recolor’ unterpflanzen. Dieses Prinzip „Waldgarten“ lässt sich schon rund um einen einzelnen Baum anwenden. So entsteht ein kleiner Märchenwald oder eine mystisch grüne Ecke. Die Silberkerzen ragen mit ihren hohen Blütenkerzen über ihren Pflanznachbarn auf. Wie wir brauchen sie an heißen Sommerabenden die Frische eines Wald(rand)es.

Skabiose

Scabiosa

Skabiosen sind mit ihren offenen blauen, weißen oder weißgelben Blüten ein Hingucker im Garten. Wenn der Mond scheint, können auch helllila oder hellgelbe Blüten sein Licht reflektieren. Besonders strahlend stechen natürlich die reinweißen Sorten hervor.

Allen ist gemein, dass sie es sonnig und trocken mögen und so wunderbar in Steingärten, heiße Vorgärten und Trockenwiesen passen. In Kombination mit Großem Windröschen, Rispigem Schleierkraut, Prachtkerze, weißem Fingerhut und Pfirsichblättriger Glockenblume schaffen wir so ein modernes Sonnenbeet für den Mondgarten. Mit Wiesen-Schafgarbe und Wiesen-Margerite, Weißer und Breitblättriger Lichtnelke, Katzenminze, Weißen Stockrosen und einer schönen weißen Strauchrose, wie der Bibernellrose, passt die Skabiose in den naturnahen Garten.

Meine Empfehlung

- Kaukasus-Skabiose 'Miss E. Willmott' (im Bild) und 'Perfecta alba' (*Scabiosa caucasia*) sind herausragend schöne, weiße Sorten.

Auf einen Blick
Höhe: 30–90 cm, je nach Art
Breite: 30–40 cm
Blüte: Juni/Juli bis September
Standort: Sonne, je nach Art trockener bis frischer, durchlässiger, humoser Boden

Entdeckertipp

Der Mondfleckige Blütenspanner selbst ist eher unscheinbar. Aber seine Raupe, die ist auffällig rot-gelb oder rot-weiß. Vielleicht findest du sie an deinen Skabiosen? Außerdem dankt es der Skabiosenschwärmer, einer von vier tagaktiven Schwärmern, der stark bedroht ist. Das hinreißende Tier sieht dem verwandten Taubenschwänzchen ähnlich und sein Auftritt im eigenen Garten ist ein lohnenswertes Ziel!

Frühjahrs-Highlights als saisonale Ergänzung

In der frühen Winterdämmerung weckt der Blick auf die Frühlingsblüher im Garten unsere Vorfreude. Tulpen, Narzissen und Hyazinthen setzen strahlende Akzente, ohne Platz wegzunehmen. Wenn die meisten Pflanzen noch im Wintermodus ruhen, geben Schneeglöckchen, Lenzrosen und Co. im zeitigen Frühjahr alles. Es gibt für jeden Standort blühfreudige Arten.

Hyazinthe
Hyacinthus

Sie passt in zwei Kategorien der Mond-Pflanzen: Einerseits duftet sie einfach berauschend, andererseits bilden manche Sorten reinweiße Blütendolden, die auf der Fensterbank oder auf der Terrasse im Mondlicht schimmern. Auch, wenn es noch etwas zu kalt für Garten-Abende ist, ziehen sie den Blick hinaus und erhöhen die Vorfreude.

Frühlings-Krokus
Crocus

Krokusse bringen den Frühling und die ersten Bienen in den Garten. Wenn die weißen Vertreter sich ganz öffnen, sehen sie aus wie kleine Sterne. Sie verbreiten sich gerne von selbst und bilden blühende Teppiche, nehmen aber, wie viele Zwiebelpflanzen, keinen Platz für die später auftrumpfenden Stauden und Blumen weg, denn sie ziehen ihre Blätter nach der Blüte ein.

Lenzrose
Helleborus

Die züchterische Vielfalt der Lenz- oder Christrosen (oben) ist wirklich beeindruckend. Man findet wunderschöne, auch weiße Farbvarianten, die sich im Preis stark unterscheiden, aber durchweg die gleichen Ansprüche haben. Die Blüten schmücken schattige Gartenecken bereits ab Januar. Die Pflanze sät sich gut selbst aus, wird dabei aber nicht unkontrollierbar.

Märzenbecher
Leucojum

Wie zarte Glöckchen strahlen die Märzenbecher (rechts) früh im Jahr und sehen aus wie kleine Gartenlaternen. Die Blüten sind auch bei näherer Betrachtung ein echter Hingucker. Ihre Spitzen sind jeweils mit einem hellgrünen Punkt verziert. Am Teichrand gehört der Märzenbecher zu den Ersten, die ihre Blüten öffnen, und wer es exotisch mag, pflanzt die Schachbrettblume dazu, die ähnliche Ansprüche hat.

Dolden-Milchstern
Ornithogalum umbellatum

Im April eröffnet der Milchstern die Nachtgartensaison. Er blüht, wie der Name sagt, sternförmig und bis Mai, wenn wir die allerersten wärmeren Frühlingsabende genießen können. Er breitet sich schnell zu einem Sternenmeer aus, zieht dann aber ein und macht so keiner anderen Pflanze Konkurrenz. Die stark gefährdete, nachtaktive Graslilieneule findet hier ihr Raupenfutter.

Narzisse
Narcissus

Auch hier haben Züchter erstaunliche Sorten hervorgebracht. Die Reifrock-Narzisse ist ebenso wie die duftende Engelstränen- und die Trompeten-Narzisse 'Mount Hood' (im Bild) eine elegante Erscheinung, die jeden Blick in den nächtlichen Frühlingsgarten belohnt. Auch die Dichter-Narzisse duftet angenehm und alle Narzissen fühlen sich, wie andere Zwiebelpflanzen auch, im Topf und sogar im Balkonkasten wohl.

Pflanztipp

Mit dem Spaten ein Kreuz in den Boden stechen, zwischen zwei Endpunkten mit ein bisschen Abstand einstechen als würde man die Spatenstich-Linien auf einer Seite zu einem Dreieck schließen wollen und das Kreuz leicht nach oben hebeln. In die so geöffneten Gräben kann man Blumenzwiebeln setzen, den Spaten herausziehen und hat ganz ohne Buddeln und Graben schnell viele Zwiebeln im Tuff gesetzt.

Primel
Primula

Fröhlich ist sicher das passendste Adjektiv für die kleinen Blumen, die sich im Frühjahr bunt schmücken. Es gibt verschiedene Arten, die heimischen sind die Wiesen-Primel (*Primula veris* subsp. *veris*), die Mehl-Primel (*P. farinosa*), die Schaftlose Primel (*P. vulgaris* subsp. *vulgaris*) und die Behaarte Primel (*P. hirsuta*). Sie alle kommen prima im Halbschatten zurecht und bringen damit erste Farbtupfer in Waldgartenbereiche unter Gehölze. In Reihe gepflanzt sind sie super als Beeteinfassung geeignet.

Tulpe
Tulipa

Ein weiterer Gartenklassiker, der es in manchem Gärtnerherz sogar zum begehrten Sammlerobjekt gebracht hat. Für unseren Zweck besonders empfehlenswert ist die weiß-gelbe Wildtulpe *Tulipa turkestanica*, die tagsüber ebenso wie nachts – dann geschlossen – strahlt und Insektennahrung bietet, sowie die langblühende 'Spring Green', die uns noch im Frühsommer mit ihrer zeitlosen, grün-weißen Farbkombination verzaubert.

Sterndolde

Astrantia major

Auf einen Blick
Höhe: 30–90 cm
Breite: 40–50 cm
Blüte: Juni bis August
Standort: Halbschatten, frischer bis feuchter, durchlässiger bis lehmiger Boden
Info: 52 Schwebfliegen – wichtige Bestäuber und Nahrungsquelle für Vögel – fliegen auf die Sterndolde!

Wie der Name uns schon so treffend verrät, setzen wir die Sterndolde, um viele kleine Sterne in unser Beet zu holen. Die pflegeleichte Staude bildet einzeln stehende, wunderschöne Blüten aus, die meist weiß mit einem Hauch von Rosa sind. Die filigrane Pflanze sucht den Halbschatten und passt in Blumenstreifen am Gehölzrand. Auch im Bauerngarten macht sich die Sterndolde gut, sie dient als auffälliger und edler Partner zu Blumen und Stauden in Lila-, Rosa- und Blautönen. Sie harmoniert zu Silberkerzen, Frauenmantel, Phlox, Wald-Schmiele, Wald-Zwenke, Funkien und Ehrenpreis.

Die kleinen Jungpflanzen sind ausgesprochen schneckenempfindlich, hier ist im Anfangsstadium ein Schneckenkragen sinnvoll. Die schöne Pflanze ist ökologisch für Käfer interessant und bietet einigen gefährdeten Wildbienenarten wie der Großen Möhren-Sandbiene Nahrung.

Meine Empfehlungen

- ‘Roma’ (im Bild) beeindruckt mit einer silbrig rosafarbenen Blüte.
- ‘Margery Fish’ und ‘Star of Beauty’ sind bienenfreundlich.
- ‘Snow Star’ eignet sich als Schnittblume – für ein bisschen Sternenzauber in der Vase.

Entdeckertipp

Ein Nachtfalter bedient sich an der Sterndolde: der Dreipunkt-Blütenspanner, der im Gegensatz zur Sterndolde ein sehr unauffälliges Äußeres besitzt. Vielleicht kannst du ihn beobachten?

Wermut

Artemisa absinthium

Den Echten Wermut nehmen wir aufgrund seiner außergewöhnlichen Blattfarbe in unsere Mondbeete auf. Wie der ebenfalls aufgeführte Woll-Ziest hat er silbrige Blätter, die im Mondlicht sanft schimmern. Die Pflanze hat eine lange Geschichte: Schon Hildegard von Bingen nutzte sie in ihrem Wermutwein. Neben einigen gesundheitsfördernden Wirkstoffen enthält die alte Heilpflanze auch einen Stoff namens Thujon, der in großen Mengen giftig ist und lange fälschlicherweise für die schädliche Wirkung des früheren Modegetränks Absinth verantwortlich gemacht wurde. Heute ist die Naturheilkunde sehr am Wermut interessiert.

Im Garten ist die Pflanze ein wunderbarer Begleiter für Zierlauch mit seinen Mini-Monden oder weiße Glockenblumen, Disteln, Skabiosen-Flockenblume, Fingerhut, Wilde Möhre und Diptam. Sie setzt mit den fiedrigen Blättern einen tollen Kontrast zu Gräsern wie Schaf-Schwingel oder Sand-Reitgras.

Die Blätter bieten einen weiteren Mehrwert: Sie sind Raupenfutter für einige Schmetterlinge und Käfer, darunter Nachtfalter und hoch gefährdete Tierarten.

Auf einen Blick
Höhe: 60–100 cm
Breite: 40–60 cm
Blüte: Juli bis September
Standort: Sonne bis Halbschatten, trockener, durchlässiger, humoser Boden
Info: ab und an kräftig zurückschneiden

Meine Empfehlung

- Der Zwerg-Wermut 'Powis' (im Bild) duftet!

Wollgras

Eriophorum

Auf einen Blick
Höhe: 20–60 cm, je nach Unterart
Breite: 10–40 cm
Blüte: März bis Mai
Standort: Sonne, frischer bis feuchter, durchlässiger, humoser Boden

Wie der Name schon andeutet, sehen die kleinen Fruchtstände der Wollgräser aus wie fluffige Baumwollblüten und bringen damit Leichtigkeit in unseren Garten. Alle drei heimischen Wildarten bilden diese weißen Büschel in etwas unterschiedlicher Wuchsform aus und bieten sich so für das Setzen kleiner, außergewöhnlicher Highlights an.

Während das Scheidige Wollgras (*Eriophorum vaginatum*) die pralle Sonne mag, kommen das Breitblättrige (*E. latifolium*) und das Schmalblättrige (*E. angustifolium*) auch mit Halbschatten zurecht. Allesamt brauchen feuchten Boden und sind somit wunderbare Teichrandpflanzen. Das Schmalblättrige Wollgras breitet sich über Ausläufer aus und bildet einen Rasen, die anderen beiden Vertreter bleiben, wo sie gepflanzt werden. Besonders das Scheidige Wollgras ist eine wichtige Nahrungs- und Unterschlupfpflanze für Vögel, Insekten und Kleinsäuger in Moornähe.

Am Teichrand kombinieren wir die außergewöhnlichen Gräser mit Wiesen-Schaumkraut, Schwertlilien und Blut-Weiderich.

Tipp

Da sie ursprünglich in den Mooren vorkommen, mögen es die Wollgräser eher sauer. Rindenmulch ist hier das geeignete Mulchmaterial. Besonders gut macht sich das Wollgras dadurch in Moorbeeten zur Unterpflanzung von Heidelbeeren – die wir auch mit Rindenmulch, Fichten- oder Tannennadeln (eine prima Idee, um den alten Bio-Weihnachtsbaum zu verwerten) und Laubkompost von Eichen- und Walnussblättern als Torfersatz sauer halten. Dazu gibt es im Netz einige „Rezepte“.

Woll-Ziest

Stachys byzantina

Auf einen Blick
Höhe: 10–60 cm
Breite: 10–60 cm
Blüte: Juli bis August
Standort: Sonne, trockener bis frischer, durchlässiger Boden

Es gibt ein paar heimische Ziest-Arten. Der für unseren Mondgarten genutzte Woll-Ziest mag es sehr sonnig und fühlt sich im Trockenbiotop wohl. Wer die Pflanze kennt oder das Bild genau betrachtet, weiß, woher der Name kommt. Die vielen silbrig weißen Haare sehen wie Wolle aus und werden von einigen Wildbienen gerne als Nistmaterial abgeknabbert. Das lädt zu einer Doppelnutzung ein: Besonders besticht der Kontrast der hellen Blätter vor dem Orangebraun eines Sandariums. In diesem bauen sich viele Wildbienen, wie die stark gefährdete Frühe Ziest-Schlürfbiene, ihre Niströhren und finden sowohl das Nistmaterial als auch ihr Futter direkt vor Ort. Nachtfalter ziehen die zart duftenden Blüten zwar nicht an, dafür dienen die Blätter aber als Raupenfutter. Ein Festmahl auch für insektenfressende Kleinsäuger und Vögel.

Woll-Ziest eignet sich hervorragend zur Beetumrandung und passt zu Skabiosen, Salbei, Lavendel, Rosen, Frauenmantel, Fetthenne, Disteln, Silberraute, Lichtnelke und Wolfsmilch.

Meine Empfehlungen

- 'Silky Fleece' ist besonders „haarig".
- 'Silver Carpet' bildet einen dichten Teppich.
- 'Cotton Ball' hat kleine, baumwollartige Blüten.
- 'Big Ears' hat etwas größere Blätter und blüht kaum.

Es duftet!

Immer der Nase nach? Damit wir im Dunkeln nicht buchstäblich auf selbige fallen, haben wir für ein bisschen Leuchten im Nachtgarten gesorgt und können im folgenden Kapitel unbesorgt unserem Geruchssinn folgen. Die vorgestellten Pflanzen bieten der Nase vielfältige Aromen zu erschnuppern – von zart bis stark.

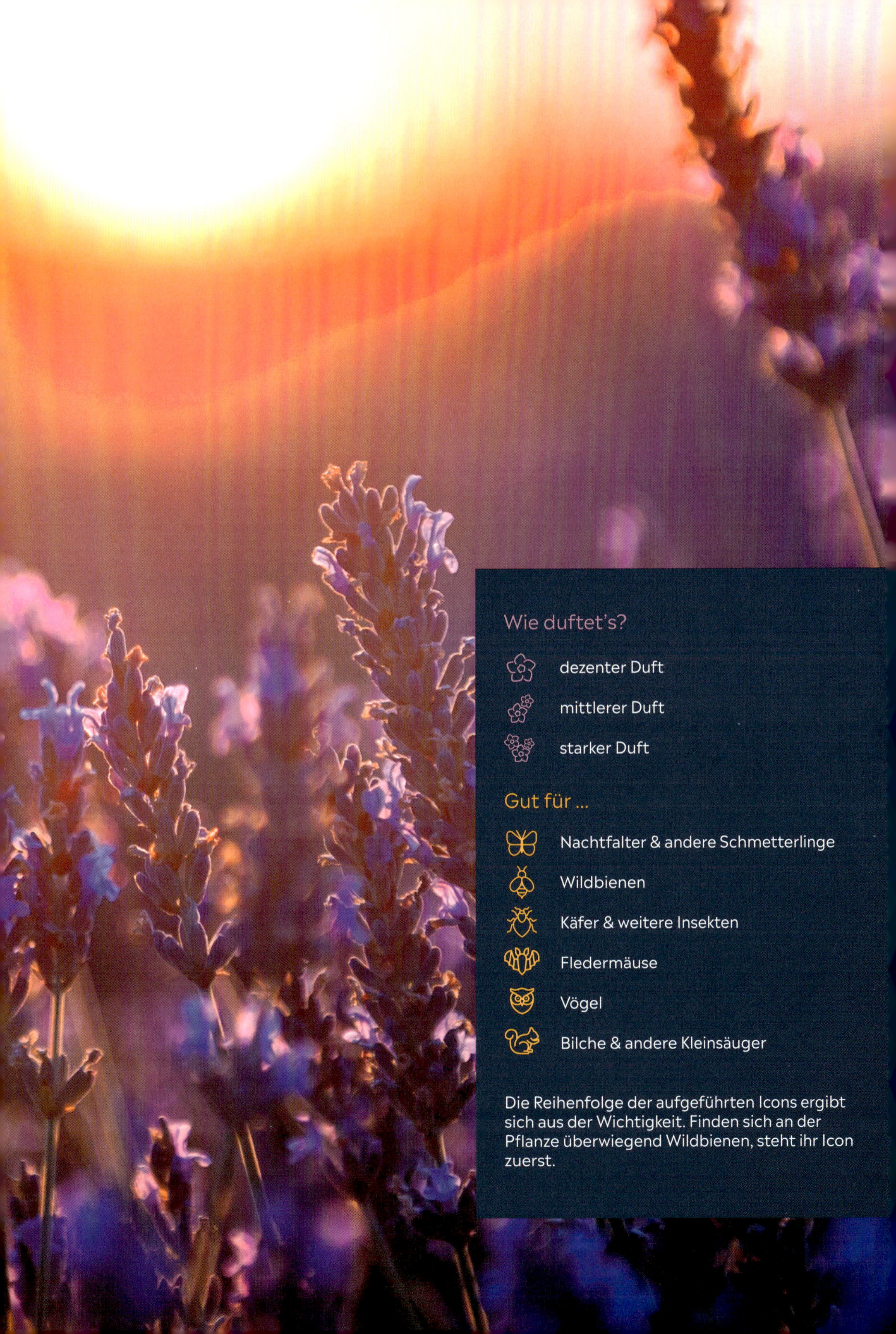

Wie duftet's?

- dezenter Duft
- mittlerer Duft
- starker Duft

Gut für ...

- Nachtfalter & andere Schmetterlinge
- Wildbienen
- Käfer & weitere Insekten
- Fledermäuse
- Vögel
- Bilche & andere Kleinsäuger

Die Reihenfolge der aufgeführten Icons ergibt sich aus der Wichtigkeit. Finden sich an der Pflanze überwiegend Wildbienen, steht ihr Icon zuerst.

Duftendes für die Nacht

Gerüche und Düfte prägen sich auf einzigartige Weise in unser Gehirn. Wer kennt nicht den Flashback in die Zeit der ersten Liebe beim Schlendern in der Fußgängerzone, weil der Fremde, der uns über den Weg gelaufen ist, das gleiche Parfum trug? Oder die Gefühle, die das Schnuppern am Kopf eines Neugeborenen hochholt, Erinnerungen an die Zeit mit unserem eigenen Baby. Den Duft von frisch gemähtem Gras oder Chanel No 5. Einem frisch bezogenen Bett oder dem Essen, das nur von Oma richtig schmeckt.

Wir können uns diesen Effekt gezielt zunutze machen, indem wir uns Düfte suchen, die wir lieben und die eine entspannende, beruhigende oder aber aufheiternde Wirkung auf uns haben. Nahe an einem Sitz- oder Liegeplatz lädt Lavendel zum Entspannen ein, die süß riechende Nachtviole nehmen wir vielleicht mit in die Träume.

Sogar das Essen oder den abendlichen Cocktail können wir mit Düften gezielt ergänzen. Wie Weinkenner und Köche können auch wir lernen, Aromen zu kombinieren und das Abendessen mit dem Zitrusduft von Orangenblume oder Zitronen-Taglilie zu würzen.

In der folgenden Sammlung habe ich Pflanzen zusammengetragen, die ein außergewöhnliches Dufterlebnis bieten. Einige haben es speziell auf Nachtfalter abgesehen und blühen ab der Dämmerung oder nur nachts, andere rund um die Uhr. Von den Klassikern, wie Rosen oder Kräutern, über Obstbäume, die wir vermutlich noch gar nicht als duftend wahrgenommen haben, bis hin zum ein oder anderen Exoten findest du hier sicher auch deine Lieblingsnote.

Nicht nur wir Menschen genießen tolle Aromen. Aber auch! Und da bietet das Mondbeet eine Fülle an Möglichkeiten und verspricht pure Entspannung.

Clematis

Clematis

Die Clematis oder Waldrebe ist eine unschätzbare Bereicherung für jeden Garten, in dem die ein oder andere schattige Ecke bepflanzt werden will. Die meist kletternde Pflanze blüht auch im Halbschatten bis Schatten zuverlässig und hat meist große, filigrane Blüten, die teils ein intensives Mandelaroma verströmen. Sie mag schattige Füße und klettert der Sonne entgegen.

Alpen-Waldrebe 'White Columbine'

Clematis alpina

Die weißblühende Schönheit wächst überschaubare 2 bis 4 m hoch und eignet sich damit hervorragend für kleinere Gärten. Sie macht an Pergola, Zaun oder Obelisk eine gute Figur und ziert sich ab April mit zarten Blüten. Die heimische Wildform ist selten und steht in der Natur unter Schutz.

Armands Waldrebe

C. armandii

Diese Sorte duftet besonders stark, was sie nebst der weißen Blütenfarbe zur wunderbaren Mondgarten-Pflanze macht. Darüber hinaus ist sie auch noch immergrün und kann uns so als Sichtschutz dienen. Der junge Austrieb zeigt sich bronzefarben. Die noch nicht ganz geöffneten Blüten sehen ein bisschen wie Magnolienblüten aus. Für Kübel sowie warme, lichte Standorte geeignet.

Lebensretter

Vielleicht rettet deine Clematis eine Art? Viele Nachtfalter legen ihre Eier an die Blätter der Waldreben, darunter auch einige stark bedrohte Arten.

Rispenblütige Waldrebe
C. terniflor

Die besonders starkwüchsige Art (Bild oben) blüht bis in den Oktober hinein, duftet nach Weißdorn und bringt zahlreiche Blüten hervor. Um sie vor dem Verkahlen zu schützen, sollte sie im Frühjahr geschnitten werden. Sie rankt gerne bis zu 10 m hoch, verträgt den Schnitt aber gut. Die elfenbeinfarbenen Blüten wandeln sich zu zart gefiederten, luftigen Fruchtständen.

Berg-Waldrebe 'Grandiflora Alba'
C. montana

Diese Sorte will hoch hinaus. Sie erobert, was man ihr bietet, bis in 8 m Höhe und blüht dabei übervoll mit reinweißen, strahlenden Blüten. Diese duften zart; es lohnt sich, diese Clematis nah an einen Sitzplatz zu pflanzen.

Berg-Waldrebe 'Wilsonii'
C. montana

Zwar sind die einfachen, weißen Blüten der 'Wilsonii' optisch etwas weniger auffällig als die ihrer Verwandtschaft, dafür duften sie nach Schokolade! Wie alle Waldreben mag sie geschützte, schattige Füße und klettert oben Richtung Sonne. Das aber weit und hoch – 10 m und mehr sind kein Problem.

Flammenblume

Phlox

Auf einen Blick
Höhe: 10–80 cm
Breite: 30–80 cm, je nach Art und Sorte
Blüte: Früh- bis Spätsommer, je nach Art
Standort: Sonne, frischer bis feuchter, durchlässiger, humoser Boden

Phlox ist eine besonders pflegeleichte, vielseitige Staude und deswegen häufig in unseren Gärten zu finden. Besonders oft ist sie in Blau-, Lila- und Rosatönen anzutreffen.

Die Flammenblume kann aber nicht nur Pink – sie kann auch duften. Und als habe sie es extra für unser Projekt „Mondgarten" so geplant: Die Sorte 'White Perfume' (*Phlox divaricata*) hat nicht nur Weiß aufgelegt, sondern auch einen wunderbaren Duft. Die Arten haben verschiedene Standortansprüche und wachsen unterschiedlich hoch. 'White Perfume' macht als Wald-Phlox-Variante eine gute Figur als flacher, strahlender Teppich unter Gehölzen. Der Hohe Stauden-Phlox 'David' (*P. paniculata*), der besonders lange blüht, wächst gerne in der vollen Sonne. Auch er duftet süß und zieht zahlreiche Bienen und Nachtfalter an.

Die Flammenblume wächst auch gerne im Topf auf der Terrasse. Die Blüten des Polster-Phlox sind essbar und können vom Topf direkt auf den Tisch und den Salat wandern.

Wald-Phlox und Funkien sind ein wunderbares Paar, ergänzt werden sie mit dem eleganten Salomonsiegel und der filigranen Elfenblume. Hoher Phlox passt schön zu Rittersporn, Fingerhut und Rispigem Schleierkraut. Polster-Phlox passt mit Polster-Glockenblume, Ehrenpreis, Weißer Teufelskralle und der zarten Sand-Nelke in den Steingarten.

Meine Empfehlungen:

- Hoher Stauden-Phlox 'Euphorion' (*Phlox paniculata*): blüht weiß mit pinkem Auge und duftet süß
- 'Europa': bei ähnlicher Optik besonders wüchsig und robust
- Polster-Phlox 'Snowflake' (*P. subulata*): zart duftender, schneeweiß blühender Bodendecker für Staudenbeete

Wald-Geißblatt

Lonicera periclymenum

Diese heimische Kletterpflanze kann einfach alles: Sie strahlt, duftet, lockt Vögel, Nachtfalter und sogar Haselmaus und Gartenschläfer an. Was will man mehr?

Die alte Heilpflanze klettert selbstständig an Bäumen und Sträuchern oder Rankgerüsten hoch. So kann man sie wunderbar für die effektvolle Begrünung der Terrasse nutzen. Im Mai und Juni erscheinen die vielen röhrenförmigen, cremeweißen Blüten, die ausgesprochen exotisch anmuten. Sie duften intensiv nach Honig und sind damit ein echtes Erlebnis. Sitzplätze unter einer Pergola lassen sich so gezielt in ein Duftparadies verwandeln.

Die Blütenkelche sind tief und eher für langrüsslige Schmetterlinge gemacht. Hier sättigen sich beispielsweise der Nachtkerzenschwärmer und der Kiefernschwärmer, während der Kleine Eisvogel auf die Blätter als Raupenfutter angewiesen ist. Hummeln und Honigbienen sind da eher rabiat und knabbern die Blüten einfach auf, um an den Nektar zu kommen.

Höhe: 3–6 m
Breite: 1–1,50 m
Blüte: Mai/Juni
Standort: Halbschatten, frischer bis feuchter Boden
Info: Rinde als Nistmaterial für Bilche beliebt

Entdeckertipp

Eine Handvoll Haselnüsse im Nachtgarten mit Bilch-Habitaten und -Futterpflanzen kann offenbaren, was wir leider selten zu sehen kriegen. Die kleinen Haselmäuschen können diesem Snack nicht widerstehen, sodass man morgens kreisrund aufgenagte, leere Nussschalen finden kann. Was für ein Kompliment der Natur an den Gärtner!

Dufte Kräuterwelt am Sitzplatz

Die Welt der Kräuter bietet eine schier unendliche Auswahl an Gartenpflanzen für jeden Bedarf und unterschiedlichste Standorte. Einige passen mit ihrem außergewöhnlichen Duftprofil wunderbar in unseren Nachtgarten – und können, nah an der Terrasse platziert, auch gleich fürs Abendessen oder den Cocktail geerntet werden.

Lavendel

Lavandula

Blaublühender Lavendel ist allseits bekannt, wir wollen aber weiße Blüten, die dem silbernen Laub und dem beruhigenden Duft einen weiteren Mondgarten-Aspekt hinzufügen. Im Topf auf der Terrasse schmücken 'Alba' (im Bild) und 'Aromatic Silver', als Beetumrandung eignet sich die Mini-Sorte 'Nana Alba'.

Minze

Mentha

Das beliebte Teekraut ist mit Vorsicht zu pflanzen, einige Sorten breiten sich stark aus. Wenn es nur ab und an ein Tee sein soll, gehört die Minze in den Topf. Die Marokkanische (im Bild) und die Apfelminze blühen creme bis weiß. Alle Minzen duften sehr spezifisch und haben ein anderes Wuchsverhalten. Probeschnuppern und -kosten in der Gärtnerei lohnt sich!

Salbei
Salvia

Das klassische Hustenkraut gibt es auch weißblühend. Einmal als kompakte Sorte als Weißer Zwerg-Gewürz-Salbei 'Nana Alba' und einmal in wirklich Groß. Bis zu 1,80 m wächst 'Albiflora' (Bild oben) heran. In den Ansprüchen gleichen sie einander und den blaublühenden Varianten. Neben zahlreichen Wildbienen kann man am Salbei mit etwas Glück auch eine Eule, einen Bären oder Spanner beobachten.

Thymian
Thymus

Thymian (rechts oben) gibt es in vielen Varianten. Für unsere Ansprüche sollte er weiß blühen und intensiv duften. Als Bodendecker im Trockenbiotop, Sandarium, in der Kräutermauer oder aber als trittfester Rasenersatz entwickelt sich dieser Sonnenanbeter zum Bienenmagnet und lockt auch Nachtfalter. Die Sorte 'Foxley' ist panaschiert, 'Albiflorus' und 'Fleur Provencale' blühen weiß.

Waldmeister
Galium odoratum

Der Waldmeister mag es schattig. Vor der Blüte aromatisieren wir die Bowle für die Gartenparty mit den Blättern. Diese teilen wir uns mit den Raupen teils stark gefährdeter Nachtfalter oder auch dem auffälligen Weißfleck-Widderchen. Wenn der Waldmeister dann blüht, schimmern die kleinen sternförmigen Blüten sanft im Mondlicht und duften angenehm.

Abendduft-Leimkraut

Silene italica

Auf einen Blick
Höhe: 40–80 cm
Breite: 30–40 cm
Blüte: Juni bis September
Standort: Sonne, normaler bis frischer Boden
Info: Duft erinnert ein bisschen an das Aroma von Bittermandeln, Rückschnitt nach der ersten Blüte fördert nochmaliges Blühen

Wer eine lange blühende, pflegeleichte Naturgartenpflanze mit intensivem Duft sucht, ist hier genau richtig. Schwer und süß hängt das Aroma nach dem Sonnenuntergang in der Luft.

Nach dem Rückschnitt blüht das Leimkraut noch einmal, es lohnt sich also, hier die Schere anzusetzen.

Wie viele andere Leimkräuter ist auch dieses eine herrliche Insektenpflanze, an der vor allem Nachtfalter großes Interesse haben. Besonders einige Eulenfalter haben sich auf die Silenen spezialisiert und sind inzwischen sehr auf unsere Unterstützung angewiesen.

Leider sind die Pflanzen auch ein beliebtes Schneckenfutter, der Schutz von Jungpflanzen und das Fördern von Nützlingen wie Glühwürmchen, Amphibien, Bilchen und Vögeln ist für sie besonders wichtig.

Gestalterisch lässt sich das Abendduft-Leimkraut strategisch klug an Lieblingssitzplätzen platzieren und das gerne im Beet mit Wermut, Weißer Knäuel-Glockenblume, Netzblatt-Schwertlilie, Wilder Möhre, Gelber Skabiose und Damen-Tulpe. Im Topf machen die Hängepolster-Glockenblume 'Alba', die Große Kuhschelle und die Buckel-Fetthenne als Begleiter eine gute Figur.

Tipp

Leichter zu beziehen ist das Nickende Leimkraut (*Silene nutans*), das dem abendduftenden in Gestalt und Wohlgeruch sehr ähnelt.

Abend-Levkoje

Matthiola longipetala subsp. *bicornis*

Diese Pflanze gehört zu den unscheinbareren in diesem Buch. Sie macht tagsüber nicht auf sich aufmerksam, aber abends öffnen sich die Blüten dafür mit einem Wow-Effekt. Der süße Duft ist allerdings flüchtig, weswegen wir die Levkoje gut umrahmt pflanzen. Sie fühlt sich auch im Topf wohl, sodass wir sie nah zu uns an unseren Lieblingssitzplatz holen und dort am Abend bei einem Glas Wein genießen können.

Die Abend-Levkoje stellt keine hohen Ansprüche an den Boden, er darf nicht zu trocken sein und sie braucht es sonnig.

In der Beetgestaltung ist sie ein schöner Begleiter von auffälligeren Stauden in Terrassenbeeten. So können Alpen-Mannstreu, Monarden, Rittersporn, Anis-Duftnessel und Roter Scheinsonnenhut tagsüber ihr Bestes geben, während Gewöhnliche Wiesen-Schafgarbe, Kleines Mädesüß, Weißer Fingerhut und Pfirsichblättrige Glockenblume 'Alba' den abendlichen Duft der Levkoje mit hellen Akzenten ergänzen und zum Verweilen einladen.

Meine Empfehlung

- Auch andere Arten der Gattung *Matthiola* duften betörend: beispielsweise *Matthiola incana* 'Bara' oder 'Iron Cherry Blossom', die zartrosa blühen, oder *Matthiola incana* 'Antar' mit pinkfarbenen, manchmal pink gestreiften Blüten.

Auf einen Blick
Höhe: 50 cm
Breite: bis 40 cm
Blüte: März bis Mai
Standort: Sonne bis Halbschatten, frischer bis feuchter Boden
Info: süß nach Vanille, Veilchen und Nelken duftend, Blüten sind essbar und schmecken überraschend

Mädesüß

Filipendula ulmaria

Auf einen Blick
Höhe: 50–150 cm
Breite: 50–60 cm
Blüte: Juni bis August
Standort: Sonne bis Halbschatten, frischer bis feuchter Boden

Diese Wildstaude sieht man zu selten in den Gärten, ist sie doch ausgesprochen pflegeleicht und wächst gerne auf feuchten Böden, die für andere Gartenpflanzen oft schwierig sind. Die cremeweißen Trugdolden des Mädesüß duften namensgebend süß und etwas speziell. Sie leuchten wie kleine Wolken im Dunkeln und locken neben vielen tagaktiven auch einige nachtaktive Tiere wie das Kleine Nachtpfauenauge, einen wunderschönen Falter, in unseren Garten.

Passt zu Kohldistel, Fingerhut, Blut-Weiderich, Hänge-Segge und Rasen-Schmiele.

Meine Empfehlung

- 'Variegata', eine panaschierte Sorte, bringt einen zarten Leuchteffekt der Blätter mit sich und lässt die kontrastreichen, roten Blattstängel intensiv strahlen.

Nachtviole

Hesperis matronalis

Auf einen Blick
Höhe: 40–100 cm
Breite: 30–50 cm
Blüte: März bis Mai
Standort: Sonne bis Schatten, trockener bis frischer Boden

Die Nachtviole – nicht mit der Mondviole zu verwechseln – gibt's in Lila und in Weiß und sie ist eine der tollsten Nachtgarten-Pflanzen, die wir haben. Ihr Duft intensiviert sich am Abend deutlich und sie macht sich sowohl im Beet als auch im Topf auf der Terrasse gut. Wir sollten sie unbedingt in der Nähe unserer abendlichen Sitzplätze pflanzen, um das olfaktorische Spektakel voll genießen zu können.

Sie ernährt vor allem Wildbienen, darunter einige gefährdete Arten, und Nachtfalter und lockt damit indirekt Fledermäuse zu uns in den Garten. Da die Farbkombination von Weiß und Lila gelingsicher ist, lohnt es sich, einfach beide Sorten zu pflanzen. Je nach Geschmack setzen wir wenige kräftiglila Akzente in ein weißes Blütenmeer oder umkehrt ein paar zartweiße Blütenwolken ins intensive Fliederlila.

Die zweijährige Pflanze sät sich gerne selbst aus, deswegen eignet sie sich hervorragend für einen sich selbst pflegenden Garten. Wenn es uns zu bunt wird, schneiden wir die verblühten Blütenstände vor der Samenreife, um das Aussamen zu verhindern.

Im Beet passt die Nachtviole super zu Großer Sterndolde, Frauenmantel, Knoblauchsrauke, Echtem Eibisch, Zierlauch, Eisenhut, Echtem Wermut, Glockenblumen und Wald-Geißbart.

Jetzt wird's flatterhaft: von Spinnern, Spannern, Eulen und Bären

Mehr als 95 Prozent aller Schmetterlinge in Deutschland sind Nachtfalter. Vielen ist gemein, dass sie sehr unter dem menschlichen Einfluss auf die Natur leiden. Pflanzen wir also Leben und erfreuen uns am Büfett für Fledermäuse, Bilche und Vögel.

Spinner

Um ein Kleines Nachtpfauenauge (im Bild) zu sehen zu bekommen, muss man die Frühlingsabende zwischen April und Mai nutzen und Glück haben. Die schwarzen, später schwarz-grünen Raupen kann man dagegen an vielen Beerensträuchern, Weiden und Schlehe beobachten. Genauso spannend und kulinarisch ähnlich aufgestellt ist der Zimtbär, eine Art der Bärenspinner. Dieser warnt Fledermäuse akustisch vor dem Verzehr.

Spanner

430 Arten in Deutschland gehören zu dieser Familie, leider erscheinen viele davon auf der Roten Liste, die den Bedrohungsstatus einer Art anzeigt. Besonders auffällig ist der Nachtschwalbenschwanz (im Bild). Er reflektiert das Mondlicht selbst ein wenig und lebt von Holunder, Stachelbeere, Weißdorn und Liguster.

Bären

Unter den Bären, einer Unterfamilie der Eulenfalter, fällt vor allem der Braune ins Auge. Er hat auffällige Vorderflügel und rot-schwarze Hinterflügel. Bei Gefahr sondert er ein stinkendes Sekret ab. Himbeere, Salweide und Mädesüß sind des Bären Lieblingsraupenfutter. Für den seltenen Weißen Gras-, den wunderschönen Nessel- (im Bild) und den Purpurbären lassen wir Brennnessel und Löwenzahn stehen und setzen Esparsette, Schwingel und Habichtskraut.

Was wir noch tun können

Heimische Pflanzen setzen ist das A und O des Umweltschutzes im Garten. Diese erst im späten Frühjahr zu schneiden und viele lebendige Strukturen, altes Laub und Totholz anzubieten, sind willkommene Maßnahmen. Je weniger penibel wir unseren Garten gestalten, desto mehr lebt er – und desto weniger Arbeit macht er uns!

Schwärmer

Der Mittlere Weinschwärmer ist sicher einer der bekanntesten Nachtfalter hierzulande. Kein Wunder, seine Färbung ist phänomenal. Seine Raupen leben von Schmalblättrigem Weidenröschen, Gewöhnlichem Blutweiderich und Nachtkerze. Auch Taubenschwänzchen und Totenkopfschwärmer finden wir in dieser Familie. Die nektarsaugenden Arten schwirren oft im Flug stehend vor den Blüten. Manche können rückwärts fliegen.

Orangenblume

Choisya ternata

Auf einen Blick
Höhe: 80–120 cm
Breite: 80–120 cm
Blüte: März bis Mai
Standort: Sonne bis Halbschatten, frischer Boden
Info: immergrün, Winterschutz ratsam

Der kleine, buschige Strauch bringt ein mediterranes Flair in jeden Garten. Die Blätter zieren Topf und Beet das ganze Jahr in sattem Grün. Die Blüten des südamerikanischen Gehölzes erscheinen zweimal im Jahr und duften nach Orangenblüte. Da die Pflanze Wärme liebt, braucht sie bei uns einen Winterschutz, um sicher durch frostige Nächte zu kommen.

Wenn wir ihr den geben, ist sie pflegeleicht und erfreut uns gerade auf Balkon oder Terrasse mit dem süßen Duft, der auch Bienen anzieht. Die sternförmigen Blüten sprenkeln das Grün bei Mondlicht mit hellen Akzenten. Sieht schön aus zu Rosenwurz, Rotem Scheinsonnenhut, Ringelblume, Katzenminze, Gemeiner Akelei und Zitronenmelisse.

Meine Empfehlung

- 'Sundance' (im Bild): bis zu 2 m hoch, goldgelbe Blätter. Mit dieser Sorte bieten sich starke Kontraste an, aber auch zu hohen, hellen Gräsern sieht dieses Gehölz fantastisch aus.

Entdeckertipp

Wenn du die Blätter zwischen den Fingern reibst, duften auch sie intensiv nach Orange. Mit verschiedenen Kräutern und Blüten, wie Minze, Holunder, Rose, Mädesüß, Waldmeister und Schnitt-Knoblauch lässt sich ein himmlisches Duft-Memory erstellen. Perfekt für einen Spieleabend mit Kindern und Freunden.

Pflaume

Prunus domestica

Die Pflaume gehört aus zweierlei Gründen in den Mondgarten. Einerseits blüht sie im Frühjahr, noch bevor die Blätter erscheinen, in einer großen, weißen Wolke und sieht klasse aus. Andererseits ist sie Raupenfutterpflanze für teils sehr seltene Insekten, darunter viele Nachtfalter und Wildbienen. Die vom Aussterben bedrohte Zweifleckige Plumpeule ist auf Pflaumen angewiesen, ebenso wie der Linden-Zackenrandspanner, der auf der Vorwarnliste steht. Der Blaukopf ist noch recht häufig, er hat Raupen, die sich zu suchen lohnen.

Die Pflaume wird dagegen nicht mehr so oft gepflanzt. Ein Grund mehr, die leckeren Früchte in unseren Garten zu holen. Beim Kauf ist die Auswahl verschiedenster Sorten inzwischen groß. Wie bei den meisten Obstbäumen muss man für einen guten Fruchtertrag auf Befruchter in der Umgebung achten. Während die Wildart hauptsächlich selbstbefruchtend ist, brauchen viele Sorten einen Bestäuber. Vielleicht kann der Nachbar zu einem Stück Nachtgarten inspiriert werden?

Meine Empfehlungen

- Da die Wildart *Prunus domestica*, die als Ursprungsform unserer heutigen Sorten gilt, bereits recht klein bleibt, ist sie die ökologisch sinnvollste Wahl.
- Ansonsten eignen sich für den eher kleinen Garten die Sorten 'Jojo', die nur bis zu 1,50 m hoch wird, 'Fruca', eine Säulenpflaume und 'Czernowitzer' mit toller Herbstfärbung.

Auf einen Blick
Höhe: 2–4,50 m
Breite: 2–3 m
Blüte: April/Mai
Standort: Sonne bis Halbschatten, frischer bis feuchter Boden
Info: beliebt bei Blattläusen, die ihrerseits ein lebendiges Büfett für Meisen und andere Vögel sind

Rose

Rosa

Die Gartenklassiker begeistern seit jeher mit ihrer Eleganz und Vielfalt. Weißblühende, kletternde Sorten schmücken Wände, Bögen und Bäume. Strauch- und Beetrosen setzen üppig leuchtende Akzente oder bereichern als duftende Solitärpflanzen im Topf die Terrasse. Perfekt für den gemütlichen Feierabend. Die meisten Arten mögen es sonnig und trockene bis frische Füße.

Gut zu wissen

Der Fachbegriff remontierend bedeutet, dass die Pflanze ein weiteres Mal blüht. Je nach Art und Sorte ist dafür ein Rückschnitt nötig. Leider gibt es keine Rosen, die explizit abends oder nachts besonders duften.

Die Aromen bauen sich über die Nacht auf, sind in den frühen Morgenstunden am intensivsten und verfliegen über den Tag hinweg langsam.

Ramblerrose ‘Bobby James’

Bis zu 10 m klettert diese intensiv duftende Rose an Spalieren, Pergolen und Bäumen hinauf. Im Sommer blüht sie einmal, aber das so richtig. Übervoll mit cremeweißen kleinen Blüten verwöhnt sie uns genau in der Zeit, in der wir die Abende gerne im Freien verbringen. Im Herbst schmückt sie sich mit rötlichen Blättern und Hagebutten und bietet so ein reiches Festmahl für Nachtigall und Co.

Ramblerrose 'Natura Siluetta'

Diese wunderschöne Kletterrose wird nur bis zu 2 m hoch und eignet sich damit für kleine Gärten. Sie duftet zart und wartet extrem lange, von Juni bis Oktober, mit einer Fülle an weißen Blüten mit hübschen, gelben Staubgefäßen auf. Auch sie trägt im Herbst reichlich Hagebutten, ist robust und pflegeleicht.

Strauchrose 'Schneewittchen'

Wer es gerne modern und edel mag, liegt mit dieser Rose genau richtig. Obwohl sie schon 1983 „Weltrose", das heißt sehr beliebt war, verzaubert sie mit ihrer absolut reinweißen Eleganz auch heute noch und passt zu jedem Gartenstil. Sie wächst bogig überhängend, duftet zart. Ihre Blüten öffnen sich wie Edelrosen, um später doch ihre Mitte preiszugeben.

Edelrose 'Double Delight'

Nicht weiß, dafür mit unvergleichlichem Farbverlauf von zartem Cremeweiß oder Rosa hin zu strahlendem Pink, trumpft diese kleine Edelrose auf. Der intensive Duft verzaubert uns auf der Terrasse im Topf ebenso wie im Beet. Diese Schönheit ist remontierend und krankheitsresistent.

Kletterrose 'Moonlight'

Diese Rose muss natürlich in diesem Buch Erwähnung finden! Ihre Blüten duften süß, sie lässt sich entweder als eher kleine Kletterrose oder aber als breit ausladende Strauchrose ziehen. So passt sie ausgezeichnet in Hecken oder solitär mitten in den Garten oder an die Terrasse. Sie blüht mehrmals im Jahr und das auch im Halbschatten.

Beetrose 'Pearl Drift'

Die Knospen dieser Rose sind rosa überhaucht und öffnen sich reinweiß mit gelber Mitte. Sie wird etwa 1 m hoch und verträgt Halbschatten. Ihre Blüten duften leicht und erblühen mehrmals im Jahr. Im Topf oder Staudenbeet setzt sie weiße Wolken-Akzente und passt zu Frauenmantel, Monarde, Traubiger Graslilie, Herbst-Anemonen und Pfirsichblättriger Glockenblume 'Alba'.

Wichtig

Bei der Rosenauswahl wollen wir stachelige und ungefüllte Sorten bevorzugen. Was uns piekst, bietet Vogelbabys effektiven Katzenschutz. Ungefüllte Blüten sind für Insekten leicht zugänglich. Dafür belohnen sie uns mit rotleuchtendem Herbstschmuck in Form von Hagebutten und ziehen außerdem Räuber wie die Fledermaus in unseren Abendgarten.

Bodendeckerrose 'Sternenflor'

Und noch eine Kandidatin, die sich allein aufgrund ihres Namens für diese Seiten qualifiziert haben könnte. Sie wächst dicht und flach und ist ausgesprochen robust. Im Sommer blüht sie überreich in Weißrosa mit gelber Mitte. Dabei duftet sie stark und passt so besonders an abendliche Lieblingssitzplätze. Auch sie hat keine Probleme mit Halbschatten.

Wildrosen

Es gibt viele Wildrosen, denen ihr ökologischer Wert gemein ist. Wer Vögel und Bilche in den Garten locken will, sollte wenn möglich ein Eckchen für eine Wildrose schaffen. Ihre Stacheln, die ungefüllten Blüten und die Hagebutten sind wertvolle Attribute in jedem Naturgarten.

Flaum-, Hecht- und Filz-Rose (*Rosa tomentella*, *R. glauca*, *R. tomentosa*) sind Arten, die keine Ausläufer bilden. Die Hecht-Rose (im Bild) blüht pink und wird bis zu 3 m hoch, die anderen beiden sind hellrosa bis weiß und bleiben kleiner.

Muskateller-Salbei

Salvia sclarea

Auf einen Blick
Höhe: 50–120 cm
Breite: 40–100cm
Blüte: Juni bis August
Standort: Sonne, trockener, durchlässiger, humoser Boden
Info: verliert bei langer Kochzeit sein Aroma

Wie auch sein Verwandter, der als Würz- und Heilkraut bekannte Echte Salbei (*Salvia officinalis*), lässt sich der Muskateller-Salbei als Gewürz verwenden. Er ergänzt sonnige, mediterrane Kräuterbeete mit seinem Erscheinungsbild um einen echten Eyecatcher.

Im Mondgarten besticht er einerseits durch seine aromatisch duftenden Blüten und Blätter und andererseits ebenfalls durch seine Gestalt. Die hellen, weißrosa Blüten ragen hoch im Beet auf und schimmern sanft im Mondlicht. Muskateller-Salbei bietet sich so als imposanter Strukturgeber an, mit dem gezielt Spannung durch Höhe erzeugt wird. Auch entlang von Wegen, an denen er den Blick in den Fokus zwingt, ist seine Wirkung phänomenal. Von beiden Seiten geleitet, geborgen und zum Weitergehen angeregt, lassen wir uns so durch einen sanft beleuchteten Mondscheingarten treiben. Vielleicht der Nase nach Richtung Duftlaube? Als Begleiter am Wegesrand bieten sich hohe Gräser wie das Sandrohr 'Karl Foerster' (*Calamagrostis × acutiflora*) und Stauden wie der Kandelaber-Ehrenpreis (*Veronicastrum virginicum*) an.

Ein Rückschnitt der abgeblühten Blütenstände verlängert die Blühzeit. Darüber freut sich die Blauschwarze Holzbiene. Mit ihrem tiefblauen, schillernden Aussehen bringt sie ein kleines bisschen Mitternacht in unseren Taggarten. Nachts bedienen sich dann ein paar Falter an dem duftenden Salbei.

Meine Empfehlung

- *Salvia sclarea* var. *turkestanica* 'Vatican White' kombiniert mit lila Stauden wie dem Wiesen-Salbei (*Salvia pratensis*), Katzenminze (*Nepeta*), Anis-Duftnessel (*Agastache foeniculum*), Monarde 'Scorpion' (*Monarda fistulosa*) und knalligen Akzenten von Palisaden-Wolfsmilch (*Euphorbia characias*)

Schneeball

Viburnum

Auf einen Blick
Höhe: 2,50–3,50 m
Breite: 1,50–3 m
Blüte: April/Mai bis Juni, je nach Art
Standort: Sonne bis Halbschatten, frischer bis feuchter, durchlässiger bis lehmiger Boden
Info: wächst schnell und verträgt Rückschnitt

Es gibt viele unterschiedliche Arten des Schneeballs. Für unseren lebendigen Nachtgarten eignen sich die heimischen – *Viburnum opulus*, der Gemeine Schneeball, und *V. lantana*, der Wollige Schneeball – besonders. Die cremeweißen bis weißen Blütenrispen schimmern in ihrer Fülle in der Dunkelheit. Die Blüten öffnen sich nach und nach und bilden große Schneebälle – oder Vollmonde. Die Früchte bleiben jeweils besonders lange am Strauch und sind bei Vögeln sehr beliebt. Der Wollige wie auch der Gemeine Schneeball wachsen zu sparrigen, schönen Sträuchern heran und benötigen wenig Pflege.

Der Schneeball macht sich gut in Einzelstellung oder auch im Topf. Aber auch als Heckenpflanze kommt er ohne Weiteres klar und bietet mit seinen außergewöhnlichen Blütenkugeln einen absoluten Eyecatcher.

Wichtig: Bitte nicht den Runzelblättrigen Schneeball (*V. rhytidophyllum*) verwenden, denn er ist als invasiv eingestuft – und wird trotzdem in Gartencentern gerne verkauft.

Meine Empfehlung

- 'Compactum' (im Bild): kleinbleibende Sorte für kleinere Gärten, creme- bis reinweiße Blüten

Entdeckertipp

Welchen Schneeball hast du im Garten? Kannst du einen der folgenden Nachtfalter zuordnen? Schlehen-Grünflügelspanner, Purpurglanzeule, Blausieb, Eichenspinner-Weibchen (die Männchen sind tagaktiv), Zackeneule. An welchem Schneeball beobachtest du welche Falter?

Echtes Seifenkraut

Saponaria officinalis

Auf einen Blick
Höhe: 30–80 cm
Breite: 20–30 cm
Blüte: Juni bis Oktober
Standort: Sonne bis Halbschatten, frischer, durchlässiger bis humoser Boden
Info: sehr schneckenempfindlich

Das heimische Nelkengewächs spross wohl das erste Mal an der Stelle, an der die Göttin der Liebe, Aphrodite, ihr Badewasser ausgoss. Es enthält Saponine, also Seifenstoffe, und wurde früher zum Waschen und als Heilpflanze verwendet.

Es gehört zu den „nachtaktiven" Pflanzen und öffnet seine Blüten vorrangig für Nachtfalter. Dabei duftet es tagsüber nicht stark, aber sehr angenehm. Am Abend wird der Duft deutlich intensiver. Besonders toll: Neben den auffälligen Weinschwärmern sucht der gefährdete Fledermausschwärmer hier Futter – die Pflanze sollte also zum Standard im Mondgarten werden.

Weil sie sich durch ihre Rhizome gerne ausbreitet, können wir sie entweder in ein sonniges Natureck oder aber in einen Kübel an oder auf der Terrasse pflanzen. Dann kriegen wir den Duft auch mit. Die Blüten erscheinen in Trugdolden und wirken ausgesprochen hübsch und auflockernd in eher strengen Pflanzungen. Das Seifenkraut schmeckt leider wohl besonders lecker: Schnecken lieben es. Noch ein Grund für eine Pflanzung im Topf.

Lässt sich gut zu Berg-Segge, Gewöhnlicher Kuhschelle, Sand- und Zitronen-Thymian, Silberdistel und Zwerg-Glockenblume kombinieren.

Zitronen-Taglilie

Hemerocallis citrina

Auf einen Blick
Höhe: 60–120 cm
Breite: 50–70 cm
Blüte: Juli bis September
Standort: Sonne, frischer Boden
Info: Zitronenduft

Kaum eine andere Pflanze eignet sich so für den Duftgarten wie die Zitronen-Taglilie. Während andere Taglilien ihre großen Blüten tagsüber öffnen und abends schließen, öffnet die Zitronen-Taglilie ihre am späten Nachmittag und entwickelt bis zum Abend einen erstaunlichen Duft. Der verflüchtigt sich mit dem Verfall der Blüten am nächsten Tag, nur um mit den neuen Blüten erneut zu begeistern. Zudem ist ihre knallgelbe Farbe ein echter Hingucker, und wenn sie genug Sonne abkriegt, ist sie sehr pflegeleicht. Die Blütenfülle ist beeindruckend und sie eignet sich wunderbar als Begleitstaude, da sie mit ihren schilfähnlichen Blättern auch ohne Blüten eine gute Figur macht.

Geeignete Pflanzpartner sind zum Beispiel Breitblättrige Platterbse 'Weiße Perle', Indianernessel 'Schneewolke', Schafgarbe, Salbei, Sonnenbraut und Sonnenhüte. Auch Frauenmantel und sonnentolerante Funkien passen gut zur Taglilie, ebenso die Wiesen-Iris 'Viel Schnee'. An der Terrasse oder einem anderen Lieblingssitzplatz gepflanzt, kann man abends den Zitrusduft genießen. Dazu passt die Orangenblume.

Entdeckertipp

Die gelben Blüten sind essbar! Versuch sie doch mal als Deko auf dem abendlichen Gartensalat oder im Wok. Sie wirken bindend, man kann Suppen und Saucen mit ihnen andicken.

Es lebt!

Um unseren Feierabend im Garten vollkommen zu machen, holen wir uns Mitbewohner in den Garten. Mini-Batman, Nachtfalter und Glühwürmchen machen den Nachtgarten erst richtig spannend. Ausgesuchte Pflanzen bieten Habitat und Nahrung und bilden damit die Basis für einen dunkelbunten Erlebnisraum.

Welcher Pflanzenteil hilft der Tierwelt?

- Blüten als Nektar- und Pollenquelle
- Blätter als Raupenfutterpflanze
- Samen, Beeren & andere Früchte als Nahrung
- Dornen & Stacheln zum Schutz vor Räubern

Gut für ...

- Nachtfalter & andere Schmetterlinge
- Wildbienen
- Käfer & weitere Insekten
- Fledermäuse
- Vögel
- Bilche & andere Kleinsäuger

Die Reihenfolge der aufgeführten Icons ergibt sich aus der Wichtigkeit. Finden sich an der Pflanze überwiegend Wildbienen, steht ihr Icon zuerst. Dies gilt im übertragenen Sinn auch für die Pflanzenteile: Welcher Teil hat den größeren Wert für die Tierwelt?

Mit Tieren wird der Garten lebendig

Wie wir gärtnern, kann einen großen Unterschied machen. Für unsere Freizeitgestaltung, unsere Gesundheit, unsere Ernährungsweise und auch und vor allem für unsere Umwelt. Ein Garten sollte leben.

Der Garten bietet, wenn man mit der Natur statt gegen sie arbeitet, jede Menge Möglichkeiten, Nischen zu schaffen, in denen viele Tiere Lebensraum finden. Kleine Biotope, artenreiche Inseln in unserer totgewirtschafteten Landschaft. Wir können mit einem Garten, egal wie klein er ist, ein Teil des Problems sein – da reicht schon etwas Schneckenkorn – oder Teil der Lösung. Das ist manchmal anstrengender, aber es lohnt sich sehr und macht vieles wiederum einfacher.

Die Nacht erleben wir in einem vielfältigen, strukturreichen und lebendigen Garten noch einmal ganz anders. Während die Bienen und Hummeln sich schlafen legen (manchmal tun sie das in Blüten und halten sich dabei gegenseitig an den Füßen fest), werden viele Tiere in der Dämmerung erst wach. Dann brauchen sie Früchte, Blüten, Blätter und – im Fall der Fledermäuse und Vögel – die damit angelockten Falter.

Dass wir für Wildbienen heimische Stauden pflanzen müssen, hat sich unter Naturgärtnern schon herumgesprochen. Leider fehlt es noch ein bisschen an Aufmerksamkeit für das Futter für Raupen. Das sind zwar oft die gleichen Pflanzen, die auch die Wildbienen benötigen, aber nicht nur. Im Folgenden findest du einige Pflanzen, die speziell als Nahrungslieferanten für nachtaktive Tiere – Falter, Kleinsäuger und Vögel – dienen.

Der Falter tags, die Raupen nachts - das Taubenschwänzchen kann sich nicht auf eine Tageszeit einigen. Unzählige weitere Tiere erwachen erst im Dunkeln.

Blutpflaume

Prunus cerasifera

Auf einen Blick
Höhe: 3–8 m
Breite: bis 7 m
Blüte: März/April
Standort: Sonne bis Halbschatten, trockener bis frischer Boden
Info: Sortenwahl beachten, um essbare, große Früchte ernten zu können

Entdeckertipp

Die roten Blätter machen es noch spannender, abends die zahlreichen Besucher zu suchen. Namentlich punktet der Parkland-Spinnerspanner! Findest du ihn an deiner Blutpflaume?

Im zeitigen Frühjahr beginnt das Farbspektakel dieses außergewöhnlichen Strauchs oder Baumes. Er wartet je nach Sorte mit zart rot überlaufenem oder tiefrotem Laub auf, das alleine schon ein absoluter Hingucker ist. Wenn das Gehölz im März zu blühen beginnt, wird der Platz auf der Fensterbank, mit Blick darauf, wohl der abendliche Lieblingsort.

Beim Kauf für den Mondgarten müssen wir auf möglichst weiße Blüten achten! Sie sind bei vielen Sorten rosa, was wunderschön, aber bei Mondlicht weniger effektvoll ist. Die Sorte 'Pissardii' (im Bild) mit ihren weißrosa Blüten und süßen Früchten und die Großfrüchtige Blutpflaume 'Trailblazer' mit weißen Blüten und besonders großen, leckeren Früchten sind empfehlenswert. Im kleinen Garten ist die Zwerg-Blutpflaume (*Prunus × cistena*) die richtige Wahl.

In der Hecke ist ein Spiel mit Kontrasten möglich. Hierzu eignen sich als Partner sehr hellblättrige oder sattgrüne Arten wie der Holunder 'Golden Tower' oder die Haselnuss. Eine monochrome Pflanzung mit roter Haselnuss, Blut-Ahorn und den Holundersorten 'Black Cherry', 'Black Lace' oder 'Black Beauty' ist ein einzigartiger Eyecatcher und die hellen Blüten strahlen zu jeder Tages- und Nachtzeit in starkem Kontrast zum dunklen Laub.

Brombeere

Rubus fruticosus

Die wunderbare Brombeere bietet uns nicht nur leckere Früchte. Sie dient 54 Wildbienen-Arten als Pollen- und Nektarlieferant und hält für einige nachtaktive Tiere Nahrung und Unterschlupf parat.

Die stacheligen Ranken sind ein wunderbares Versteck für viele Vögel und Kleinsäuger. Wenn wir die Beeren selbst nicht ernten, werden sie von diesen Tieren wegschnabuliert, zum Beispiel vom Sieben- und Gartenschläfer oder von den Grasmücken, die uns abends mit ihrem charakteristischen Gesang erfreuen. Garten-Grasmücken bauen ihre Nester besonders gerne bodennah in den Ranken der Brombeere, im Mai können wir dann vielleicht die Küken beobachten. Da das Männchen dem Weibchen gleich mehrere Nester zur Wahl stellt (was für eine nette Geste!), müssen wir genau schauen, damit wir das richtige finden, ohne die kleinen Tiere zu stören.

Brombeeren brauchen Licht, gedeihen aber auch im Halbschatten, sodass wir sie sehr vielseitig als Raumtrenner oder zum Beranken von Zäunen und Pergolen einsetzen können. Es gibt inzwischen tolle Sorten, mit verschiedenen Eigenschaften. Dabei ist darauf zu achten, keine stachellosen Pflanzen zu kaufen.

Auf einen Blick
Höhe: 1–2 m
Breite: 1–3 m
Blüte: Juni bis August
Standort: Sonne bis Halbschatten, frischer Boden

Meine Empfehlungen

- 'Theodor Reimers' (im Bild): lange Erntezeit, hoher Ertrag
- 'Wilsons Frühe': eher kleinbleibend

Faulbaum

Rhamnus frangula

Auf einen Blick
Höhe: 2,50–4 m
Breite: 1,50–3 m
Blüte: Mai/Juni
Standort: Sonne bis Schatten, feuchter bis frischer Boden
Info: Zitronenfalter legen ihre Eier besonders gerne auf halbschattig und schattig wachsenden Faulbäumen ab.

Der Faulbaum ist ein Muss, denn – im Halbschatten bis Schatten gepflanzt – sind seine Knospen die Hauptnahrung für die Raupen des Zitronenfalters, des Faulbaum-Bläulings und einiger Nachtfalter wie der Faulbaum-Gespinstmotte. Auch Vögel und Bilche finden den Strauch super und naschen gerne von ihm. Er macht sich sowohl in Hecken als auch im Beet gut. Da er feuchte Füße bevorzugt, passt er hervorragend in unsere schattigen Gartenecken, wo er, mit Farnen, Funkien und Windröschen unterpflanzt, ein zauberhaftes Waldgefühl schafft.

Beim Kauf sollte man darauf achten, keine Sorte, sondern die ursprüngliche Wildform zu nehmen, die man an der botanischen Bezeichnung *Rhamnus frangula* erkennt. Faulbaum heißt er im Übrigen, weil die Rinde, wenn sie beschädigt wird, faulig riecht. Keine Sorge, der gesunde Baum stinkt nicht.

Passt zu Schattenstauden wie Wasserdost, Silberkerze und Mondviole sowie in jede Wildhecke. Dann beispielsweise mit Weißdorn, Flaum-Rose, Holunder, Mispel und anderen Wild(obst)-sträuchern.

Entdeckertipp

Neben vielen dämmerungs- und nachtaktiven Vögeln futtert ein ganz besonders niedliches Tierchen gerne an den Früchten des Faulbaumes: die Haselmaus! Was du den scheuen Bilchen noch Gutes tun kannst, findest du in unseren Habitat-Tipps auf Seite 96.

Holunder

Sambucus nigra

Auf einen Blick
Höhe: 4–6 m
Breite: 3–5 m
Blüte: Mai bis Juli
Standort: Sonne bis Halbschatten, frischer bis feuchter Boden
Info: Beeren sind roh giftig, zu Sirup oder Gelee gekocht lecker, Holunderblüten ebenfalls essbar

Sowohl die Wildart des Schwarzen Holunders als auch seine züchterisch veredelten Sorten sind für den Nachtgarten eine absolute Bereicherung. Während das wilde Original mit duftenden Blütenwolken und jeder Menge Vogelfutter aufwartet, sind Sorten wie 'Cherry Lace', 'Black Tower' und 'Black Lace' (im Bild) vor allem aufgrund ihres dunkelroten bis fast schwarzen Laubes ein echter Hingucker. Mit ihnen können wir einen Beethintergrund schaffen, der mit einem ganz besonderen Kontrast zu hellem Grün oder Weiß beeindruckt. Zudem gibt es einige säulenförmige Sorten im Handel, die das Gehölz auch für den kleineren Garten attraktiv machen.

Der ebenfalls dunkelblättrige Holunder 'Thundercloud' kann seine volle Wirkung am besten solitär entfalten. So fallen seine Größe, vor allem aber sein Farbspiel dem Betrachter sofort ins Auge. Am Abend ist dann Zeit, um seinen berauschenden, zitronigen Duft zu genießen.

Schön zu Blutpflaume, zu den hellgrünen Holunder-Sorten 'Golden Lace' und 'Golden Tower', Wald-Geißbart, Funkien 'August Moon', 'Fire Island' und 'Fortunei Albopicta'.

Entdeckertipp

Kennst du den Nachtschwalbenschwanz? Die Raupen futtern die Blätter des Holunders, der schöne Falter fliegt dann im Juli und August durch die Nacht. Die Zackeneule dagegen bedient sich am Nektar der Blüten, wo wir sie beobachten können.

Gräser: filigrane Strukturgeber

Gräser werden oft unterschätzt, sind aber als Raupenfutter unverzichtbar für einen lebendigen Mondgarten, in dem Nachtfalter und Fledermäuse Nahrung finden. Als Strukturgeber helfen sie, Stauden an unterschiedlichen Standorten optimal in Szene zu setzen. Und das eine oder andere zarte Blüten-Highlight finden wir auch hier.

Flatter-Binse

Juncus effusus

An diesem schönen Gras kann man neben den Raupen einiger Nachtfalter, hauptsächlich Eulen, auch das nachtaktive Grauleib-Flechtenbärchen beobachten. Mit seinem orangenen Rand ist es kaum zu übersehen. Im Gegensatz zum Anspruch der Flatter-Binse braucht es in der Nähe Trockenrasen und -biotop. Gestalterisch passt das Gras wunderbar in Feuchtbiotope und beeindruckt durch seinen aufrechten Wuchs.

Echtes Federgras

Stipa pennata

Vom Beet in die Vase – genau diese mögliche Verwendung hat das Gras in der Natur an den Rand des Aussterbens gebracht. Die erstaunlichen Blütenstände erinnern an zarte Federn und schweben zart im Wind. Für den Garten gibt es einige Sorten, die samt und sonders trockene, warme Standorte zum Hingucker machen. Auch als Dachbegrünung und im Topf kommt die filigrane Erscheinung zur Geltung.

Gewöhnliches Pfeifengras
Molinia caerulea

Ökologisch höchst wertvoll und in seinen Sorten als hübsches Gestaltungselement am feuchteren Standort präsentiert sich das pflegeleichte Pfeifengras. Viele Nachtfalter nutzen es als Raupenfutter. Das Kleine Pfeifengras 'Moorhexe' sowie 'Edith Dudszus' sind standfest und bilden schöne Horste. 'Variegata' (im Bild) setzt helle Akzente und treibt leicht rosa aus.

Sandrohr
Calamagrostis

Besonders empfehlenswert ist die Sorte 'Karl Foerster' (im Bild), auch unter dem Namen Garten-Reitgras im Handel. Sie wächst hoch aufrecht, ist sehr pflegeleicht und anspruchslos und auch im Winter wunderschön. Die heimische Wildform (*Calamagrostis epigejos*) ist wintergrün und zieht einige Nachtfalter, darunter gefährdete und auffällige wie die Malachiteule, an. Diese Variante vermehrt sich stark und ist daher für Gärten mit viel Platz geeignet.

Tipp

Wer das starkwüchsige Gewöhnliche Schilf im kleinen Garten haben will, pflanzt es in einen dichten Topf und hält diesen feucht. Gräbt man ihn ein, zaubert man so eine heimische Alternative zum Pampasgras, die sich harmonisch ins Beet integriert.

Gewöhnliches Schilf
Phragmites australis

Das Schilf bringt einen weiteren Aspekt in den abendlichen Garten. Es raschelt sanft, wenn Tiere oder der Wind es bewegen. Die braunen Blütenstände werden im Herbst zu hellen, weißen Rispen, die denen des beliebten Pampasgrases ähneln. Am Rand großer Teiche (in Töpfen gegen unerwünschte Ausbreitung) gedeiht das Schilf unkompliziert, für kleine Teiche ist es zu wüchsig.

Rasen-Schmiele
Deschampsia cespitosa

Dieses auf den ersten Blick eher unscheinbare Gras wirkt federleicht. Es gibt neben der Wildform eine gute Auswahl auffallenderer Sorten, wie 'Goldtau' (im Bild) mit gelber Herbstfärbung oder 'Bronzeschleier', welche wintergrün ist und bräunlich blüht. Die Rasen-Schmiele wird gerne als Raupenfutterpflanze besucht.

Rot-Schwingel

Festuca rubra

Dem Namen folgend blüht dieses Gras rötlich. Normalerweise wird es Sport- und Spielrasenmischungen beigefügt, hoch wachsend ist es aber doch viel wertvoller in der Gestaltung lebendiger und klimafester Gärten. Es ist pflegeleicht und ein hervorragender Staudenpartner in sonnigen Beeten. Ganze 32 Schmetterlinge finden hier Raupenfutter, darunter die schöne Röhricht-Goldeule, die auf der Vorwarnliste steht.

Schaf-Schwingel

Festuca ovina

Das horstbildende, graugrüne Gras begleitet Blühstauden und Kräuter im Trockenbiotop. Auch Wildblumenwiesen kann es schön ergänzen, es benötigt kaum Pflege und dient als Bodenfestiger trockener Hänge. Der Schaf-Schwingel wuchert dabei nicht und bereitet gestalterisch seinen Pflanzpartnern die Bühne.

Rote Lichtnelke

Silene dioica

Auf einen Blick
Höhe: 30–90 cm
Breite: 30–40 cm
Blüte: April bis August
Standort: Sonne bis Schatten, frischer bis feuchter Boden

Zur Gattung der Leimkräuter gehören einige für uns spannende Arten. Neben den ebenfalls porträtierten Nacht-Lichtnelke und Abendduft-Leimkraut (Seiten 95 und 66) sind auch das Nickende Leimkraut und die Weiße Lichtnelke weißblühend und für Nachtfalter von großer Bedeutung. Die Rote Lichtnelke unterscheidet sich nicht nur in der Blütenfarbe, sondern auch in den Standortansprüchen von den anderen Arten. Sie benötigt nämlich keine pralle Sonne, sie gedeiht und blüht sogar im Schatten. Damit ist sie von großem Wert für den naturnah gestalteten Mondgarten. Die lange Blütezeit sorgt für knallige Farbtupfer, die sowohl als Kontrast zum Grün von Blattschmuckstauden wie Funkien oder begleitend zu weißblühenden Arten süße Hingucker bilden.

Diese Lichtnelke mag den Boden feuchter als ihre trockenheitsresilienten Verwandten und gedeiht sogar am Teichrand wunderbar. Die Rote Lichtnelke sät sich mit dem Wind aus und wandert so – immer kontrollierbar – durch den Garten. Die alte Heilpflanze wurde nicht nur gegen Schlangenbisse eingesetzt, mit ihrer saponinhaltigen Wurzel kann man sogar Wäsche waschen.

Entdeckertipp

Eule, Spanner oder Schmalbiene? Was entdeckst du an deinen Lichtnelken? Wer sich ruhig verhält, kann im Umfeld der Leimkräuter auch Fledermäuse beobachten, die sich am Insektenbüfett bedienen.

Nacht-Lichtnelke

Silene latifolia

Die Nacht-Lichtnelke, auch Weiße Nelke, Weißes Leimkraut, Nachtnelke oder Breitblättrige Lichtnelke genannt, trägt viele Namen, aber nur einen spezifischen, intensiven Duft, der sich je nach Wetter am Nachmittag bis Abend entfaltet. Damit lockt sie ihre bevorzugten Bestäuber, Eulenfalter und Schwärmer, an und lässt die meisten anderen aufgrund der Tiefe ihres Blütenkelches außen vor. Nur wer einen langen Rüssel hat, kommt an den Nektar ran.

Weil sie auch noch reinweiß blüht, ist sie für den Mondgarten vielseitig einsetzbar. Sie stellt keine hohen Ansprüche an den Standort, solange er sonnig und nährstoffreich genug ist. Sie versamt sich gerne selbst, weswegen wir die verwelkten Blüten vor der Samenreife entfernen, wenn der Bestand uns sonst zu groß würde. Ansonsten ist die beliebte Naturgarten-Staude pflegeleicht. Egal, ob prominent im Topf, als Begleitpflanze im Bauerngarten oder im bunten Staudenbeet: Lichtnelken sind eine Bereicherung. Sie passen zu Gold- und Steppen-Wolfsmilch, Fette Henne, Margerite, Schafgarbe und Kugel-Lauch.

Auf einen Blick
Höhe: 30–120 cm
Breite: 40–50 cm
Blüte: Juli bis September
Standort: Sonne, trockener bis frischer Boden, verträgt lehmigen Boden

Entdeckertipp

An diese Pflanze legen besonders viele gefährdete Nachtfalter ihre Eier. Es lohnt sich, genauer hinzuschauen. Vielleicht findet sich in deinem Garten eine Art ein, die man sonst nur noch selten sieht?

Willkommen in der Welt der Bilche

Bilche (Gliridae) waren früher häufig, wurden aber wegen der Sorge, die Tierchen würden ganze Obsternten vernichten, bejagt und so gut wie ausgerottet. Was dramatisch ist. Sie sind nämlich nicht nur unglaublich süß, sondern auch Teil unserer Ökosysteme und jedes Element, das aus diesen Systemen entfernt wird, bringt sie ins Wackeln und irgendwann ganz zum Einsturz. Wir bemühen uns also aus reinem Eigennutz im Garten um unsere Artenvielfalt.

Die kleinen Bilche brauchen dafür von uns Rückzugsorte, Nahrung und die Möglichkeit, die Nacht in Ruhe und Dunkelheit zu erkunden. Mit speziellen Bilchkästen helfen wir den süßen Langschläfern über den Winter. Der Verzicht auf synthetisches Gift wie Schneckenkorn im Garten schützt vor Vergiftung und stachelige Sträucher vor Katzen und anderen Räubern. Regentonnen, Teiche und offene Wasserstellen sollten – für alle durstigen Tiere – geeignete Ausstiegshilfen bieten, und auf Schlagfallen verzichten wir.

Siebenschläfer

Glis glis

Schlafmäuschen, wie ein Bilch auch genannt wird, haben saugnapfähnliche Sohlen an den Pfoten und sind somit für das Laufen in Bäumen bestens ausgerüstet. Tasthaare und -hügel helfen ihm, sich nachts zu orientieren. Auch seine anderen Sinne sind ausgezeichnet entwickelt. Eine weitere spannende Fähigkeit ist erwähnenswert: Wird der Siebenschläfer (Bild oben) bei einem Angriff am Schwanz erwischt, kann er – Achtung, unangenehm! – die Haut an selbigem „abstreifen". Der Rest trocknet ein und ein kürzerer Schwanz bleibt zurück.

Gartenschläfer

Eliomys quercinus

Den Gartenschläfer (rechts) sieht man nicht, man kann ihn aber ab Mai pfeifen, schnattern und zischen hören. Gerne überwintert er in Vogelhäuschen, weshalb wir die nur einmal im späten Frühjahr überprüfen und nur, wenn es wirklich nötig ist, säubern. Der kleine Zorro ist uns auch wegen seiner Essgewohnheiten ein willkommener Gast. Er frisst neben Früchten, Nüssen und Insekten auch Nacktschnecken.

Haselmaus

Muscardinus avellanarius

Die Haselmaus (unten) ist mit ihren 14 cm (mit Schwanz) ein Winzling, der es in sich hat. Bis zu 11 Minuten lässt sie sich während der Winterruhe zwischen zwei Atemzügen Zeit. Gärten, die am Waldrand liegen und eine lebendige Struktur mit Hecken und Bäumen im Angebot haben, am besten mit Himbeer- und Brombeerpflanzen und sonnigen Plätzen, haben keine schlechten Chancen, das possierliche Tierchen ihren Gast nennen zu dürfen.

Wiesen-Schafgarbe

Achillea millefolium

Auf einen Blick
Höhe: 20–60 cm
Breite: 40–50 cm
Blüte: Juni bis August
Standort: Sonne, trockener bis frischer, durchlässiger bis lehmiger Boden
Info: durch dichtes Wurzelwerk guter Bodenfestiger an Hängen

Die Gewöhnliche Schafgarbe ist ein Sonnenanbeter, mit dem sich im Beet wunderbare Kontraste zaubern lassen. Zur weißen Urform des heimischen Korbblütlers kommen inzwischen zahlreiche bunte Varianten. Erstere nutzen wir im Mondgarten. Besonders mit wogenden Gräsern ergeben sich bei geschickter Pflanzung Beete, die Leichtigkeit und zeitlose Eleganz verströmen.

Hierzu können Gruppen von fünf, sieben oder mehr Pflanzen gesetzt werden und asymmetrisch mit ebenfalls etwas größeren Gruppen von Gräsern, wie zum Beispiel dem Wolligen Honiggras, Sand-Reitgras oder Sandrohr 'Karl Foerster', kombiniert werden. Vereinzelt höhere zierliche oder sehr markante Stauden wie beispielsweise das Alpen-Mannstreu oder der Rote Scheinsonnenhut, Süßlupinen oder Fingerhut setzen Akzente. Ein solches Gesamtensemble in Weißtönen mit ein paar Farbtupfern reflektiert das Mondlicht in warmen Sommernächten und wirkt bis in den Winter hinein anmutig, natürlich und gepflegt.

Meine Empfehlungen

- 'New Vintage White': kleinbleibend
- 'Wonderful Wampee' blüht rosa auf und weiß ab – und das besonders lange.

Entdeckertipp

An der Schafgarbe laben sich unzählige Insekten. Hast du den auffälligen Steppen-Buntbär schon entdeckt? Oder den dezenteren Schafgarben-Blütenspanner, dessen Raupen wirklich nur von Schafgarben leben?

Schlehe

Prunus spinosa

Auf einen Blick
Höhe: 1,50–3 m
Breite: 2–4 m
Blüte: März bis Mai
Standort: Sonne bis Halbschatten, frischer bis trockener Boden
Info: bildet Ausläufer, Rhizomsperre verwenden!

Für viel Leben in unserem kleinen Stück Grün benötigen wir Wildsträucher. Als Hecke geben sie unserem Garten einen Rahmen und brechen den Wind. Sie bieten uns und einer Unmenge an Tieren Schutz. Ein besonderer Wildobststrauch ist die Schlehe. Für uns Gärtner bietet sie ab März eine Explosion kleiner, weißer Blüten. Da die vor den Blättern am Strauch erscheinen, ist die ganze Schlehe zu diesem Zeitpunkt reinweiß. Sie duftet dann nach Mandeln und bringt eine unvergleichliche Leichtigkeit in den Mondgarten.

Der alternative Name Schwarzdorn beschreibt einerseits die dunkle Rindenfarbe und warnt vor den Dornen. Beim selten nötigen Rückschnitt sind Handschuhe Pflicht! Dabei erfreuen wir uns daran, dass solch wehrhafte Gehölze eine wunderbar sichere Kinderstube für Vogelbabys bieten.

Auch solitär wirkt die Schlehe toll und kann am Ende einer Blickachse – an den ersten Frühsommerabenden – die Gartensaison einläuten. Im April kann man manchmal das Kleine Nachtpfauenauge an ihr beobachten. Wichtig beim Pflanzen: Die Rhizomsperre nicht vergessen!

Schöne Partner sind Haselnuss, Holunder, Berberitze, Wildrosen oder Pfaffenhütchen. Eine Unterpflanzung mit Gehölzrandstauden, wie Wald-Phlox, Glockenblumen, Waldmeister, Anemonen und Wald-Geißbart, ist schön und sinnvoll.

Entdeckertipp

51 Wildbienen-Arten und 149 Raupen sind hier zu Besuch. Wie viele zählst du?

Segge

Carex

Auf einen Blick
Höhe & Breite: je nach Sorte
Blüte: Frühjahr
Standort: abhängig von Art und Sorte

Die Gattung der Seggen zählt wohl zu den beliebtesten und häufigsten in unseren Gärten. Die Zuchtformen und Wildarten unterscheiden sich in Aussehen und Ansprüchen teils stark. Wir können sie als Bodendecker und Füllstauden nutzen, aber auch im prominent platzierten Grasbeet.

Wie viele andere Gräser sind Seggen oft auch im Herbst und Winter ansehnlich und bieten Unterschlupf für tierische Mondgarten-Gäste.

Um unseren tierischen Freunden etwas Gutes zu tun, eignen sich heimische Sorten wie immer besonders: Die selbst nicht so häufige Berg-Segge (*Carex montana*) dient der seltenen intensiv braun-gold gefärbten Röhricht-Goldeule und dem stark gefährdeten Gelbringfalter als Raupenfutterpflanze. Die Sand-Segge (*C. arenaria*) befestigt trockene Süd-Hänge und rettet vielleicht eine Trockenrasen-Grasbüscheleule.

Meine Empfehlungen

- Vogelfuß-Segge 'Variegata' (*Carex ornithopoda*): weißer Mittelstreifen auf den Blättern, der Licht reflektieren kann
- Breiblatt-Segge (*C. ciliatomarginata*): bringt umgekehrte Panaschierung mit
- Buntblättrige Segge 'Feather Falls' (*C. × cultorum*, im Bild): panaschierte Blätter und zarte, helle Blütenstände

Wasserdost

Eupatorium cannabinum

Auf einen Blick
Höhe: 50–150 cm
Breite: 70–80 cm
Blüte: Juli bis September
Standort: Sonne bis Halbschatten, frischer bis feuchter, durchlässiger bis lehmiger Boden
Info: Pfahlwurzler, lockert den Boden und erreicht Wasser und Nährstoffe in der Tiefe

Der Gewöhnliche Wasserdost gilt als ökologische Alternative zum – leider invasiven – Schmetterlingsflieder. Für die Falter ist Letzterer mehr Schein als Sein (er lockt intensiv, bietet aber kaum Nektar), der Wasserdost dagegen ist ein echtes Multitalent. Gestalterisch lässt er sich aufgrund seiner Höhe besonders gut im Hintergrund von feuchten Beeten einsetzen. Seine Blüten sind zart altrosa, erscheinen als dichte Rispen und wirken bei Mondschein wie kleine, weiche Wolken.

Er eignet sich auch wunderbar für den Topf. Kombiniert man ihn mit Kleinem Mädesüß, weiß blühendem Fingerhut, der Knäuel-Glockenblume 'Alba' oder Gewöhnlicher Wiesen-Schafgarbe, entsteht ein Kunstwerk, das solitär auf der Terrasse platziert werden kann. In vielen Töpfen als Reihe fungiert es so als hell schimmernder Raumtrenner oder kaschiert ungeliebte Wände.

Wasserdost passt zu Bart-Iris, Breitblättriger Grasnelke, Strauch- und Wildrosen.

Entdeckertipp

Besonders für Kinder bietet das Taubenschwänzchen in der Dämmerung und abends ein wundersames Erlebnis. Sehen die kleinen Falter doch aus wie Kolibris. Auch viele andere Nachtfalter und Käfer finden sich zum Nachtmahl am Wasserdost ein. Außerdem freuen sich Wildbienen über das Angebot, sodass man tagsüber sogar einigen gefährdeten Arten unter die Flügel greift.

Vögel – wer singt denn da?

Zilpen, pfeifen, trällern, zwitschern, schnattern, piepen ... was wäre ein Garten ohne das Konzert der Singvögel? Die dämmerungs- und nachtaktiven können ein paar der besten Sänger zu ihresgleichen zählen. Damit – und mit anderen tollen Eigenschaften – sind sie unerlässliche Bewohner des Feierabendgartens.

Singdrossel

Turdus philomelos

Bis spät in den Abend hinein können wir dem hübschen Gesang dieser Drossel lauschen. Der lebhafte kleine Vogel ist nur zwischen März und Oktober bei uns im Lande, im Winter zieht es ihn in wärmere Gefilde. Wollen wir Singdrosseln in unseren Nachtgarten locken, sorgen wir für dichtes Gehölz als Brutplatz und genügend Strukturen für Schnecken – im Zusammenspiel mit Gartenschläfer, Kröte und Glühwürmchen müssen wir die schleimigen Gartenbewohner nicht fürchten!

Die wichtige Rolle im Ökosystem Garten

Klar, ihr Gesang ist wunderbar. Aber unsere Gartenvögel haben noch viel mehr drauf. Vor allem sind sie nützliche Helfer im Gemüse- und Ziergarten, denn sie halten als wichtige Elemente im Nahrungsnetz Kohlweißling, Blattläuse und andere, die wir nur begrenzt willkommen heißen, im Zaum.

Nachtigall

Luscinia megarhynchos

Berühmt für ihren Gesang, ist die Nachtigall (rechts) der Protagonist vieler lyrischer Ergüsse. In naturnahen, wildromantischen Gärten sucht das Männchen dieser Art ein Stelldichein. Dafür singt er mit einem abwechslungsreichen Repertoire von bis zu 200 Strophen. Hat er seine Holde gefunden und überzeugt, wird es ruhiger in der Nacht. Dann kümmert sich der hingebungsvolle Papa um seinen Nachwuchs.

Rotkehlchen

Erithacus rubecula

Das zarte Vöglein gilt vielen Kulturen als Glücksbringer und ist wohl einer der beliebtesten heimischen Singvögel. Es singt das ganze Jahr hindurch und kommt gerne in strukturreiche Gärten mit genug Unterschlupfmöglichkeiten und Futter auf dem Boden, denn dort fühlt es sich wohl. Hecken mit Unterpflanzung, Stauden und eine Benjeshecke sind ein Garant für das Erscheinen der kleinen Sänger mit der kräftigen Stimme.

Was wir tun können

1. Futter pflanzen: Mit Wildobststräuchern und Stauden, die wir erst im späten Frühjahr zurückschneiden, pflanzen wir direkt Nahrung und indirekt Insekten als lebendiges Futter. Dann müssen wir im Winter auch nicht oder nur wenig gezielt zufüttern, denn unser Garten bietet genug Nahrung.
2. Rückzug schaffen: vor allem katzensicheren mit Dornen oder Stacheln.
3. Nistkästen anbieten: Denn auch in naturnahen Gärten fehlt es an alten Baumhöhlen!

Weide
Salix

Auf einen Blick
Höhe & Breite: je nach Art und Sorte
Blüte: früh im Jahr (ab März)
Standort: artabhängig

Weiden bringen Leben in die Bude – fast 200 Raupen-Arten fressen sich je nach Art an ihm ins Metamorphose-Koma! Weil der Baum so wichtig für unsere Fauna ist, ist das Schneiden der Weidenkätzchen in der freien Natur sogar verboten.

Das frühe Summen im Baum bringt Frühlingsgefühle in den Garten und unter einer Trauerweide kann man die lauen Sommerabende beim späten Picknick wie in einer grünen Laube genießen. Weiden passen in Hecken oder machen solitär als Blickfang oder als Raumtrenner etwas her.

Entdeckertipp

Wie viele der zahlreichen Spanner, Schwärmer und Spinner entdeckst du in deiner Weide? Der Perlenglanzspanner gehört zu den auffälligen Nachtfaltern, die von hellgrün nach reinweiß ausbleichen. Auch das Kleine Nachtpfauenauge, der Pappel-Schwärmer oder der Kleine Gabelschwanz und einige mehr sind leicht zu erkennen. Und weil mit den Faltern auch die Fledermäuse kommen, ist die Chance, in der Nähe von Weiden welche zu beobachten, sehr groß.

Meine Empfehlungen

Wenn es geht, sollte man sich für die Wildform einer Pflanze entscheiden. Alternativ gibt es für kleinere Gärten häufig Sorten, die auf die gärtnerischen Ansprüche abgestimmt sind. Im Falle der Weide sind das niedrigbleibende Arten und Sorten:

- Hängekätzchen-Weide (*Salix caprea* 'Pendula', im Bild): 1,50 m
- Hechtblaue Weide (*S. caesia*): 1,20 m
- Bäumchen-Weide (*S. waldsteiniana*): 1 m
- Rosmarin-Weide (*S. rosmarinifolia*): 2 m
- Lavendel-Weide 'Angustifolia' (*S. eleagnos*): 3 m
- Kugel-Weide 'Nana' (*S. purpurea*): 2 m
- Ohr-Weide (*S. aurita*): 2–3 m

Weißdorn

Crataegus monogyna

Der Eingrifflige Weißdorn ist eine klassische Wildheckenpflanze und explodiert im Mai und Juni zu einer weißen Blütenwolke. In den späten Frühsommerstunden präsentiert er sich damit als beeindruckendes Element des Mondgartens. Er wandelt sich im Jahresverlauf ständig. Von weiß zu grün zu gelb-roter Herbstfärbung bietet er dem Auge immer etwas zu entdecken.

Für manche Menschen riecht die Blüte nicht angenehm, weswegen sich dann die Pflanzung eher im Hintergrund empfiehlt. Dort kann das robuste Gehölz sich selbst überlassen oder in Form geschnitten werden. In jeder Variante bietet es Nachtigall, Singdrossel und Gartenrotschwanz nicht nur Nahrung, sondern aufgrund der Dornen und des dichten Wuchses vor allem den dringend benötigten katzensicheren Nistplatz. Nach der Blüte sind die Früchte Nahrung für viele, auch nachtaktive Säugetiere. Auch als lebender Einbruchsschutz leistet er mit Schlehe, Berberitze und stacheligen Strauchrosen wie der Hunds-Rose an der Grundstücksgrenze ganze Arbeit. Und er ist ausgesprochen hitzeverträglich.

Er lässt sich gut zu allen anderen Wild(obst)-sträuchern kombinieren, gern unterpflanzt mit Busch-Windröschen, Wald-Erdbeeren, Bärlauch und Lungenkraut.

Auf einen Blick

Höhe: 3–5 m
Breite: 5–6 m
Blüte: Mai bis Juni
Standort: Sonne bis Halbschatten, trockener bis frischer, normaler bis lehmiger Boden

10 Beetideen für den Nachtgarten

Bei der schier unüberschaubaren Zahl an unterschiedlichsten Inspirationen und Ideen im Netz siehst du das Beet vor lauter Pflanzen nicht? Hier kommen meine fertigen Mondbeet-Vorschläge für jeden Bedarf.
Du kannst sie einfach nachpflanzen. Oder sie als Basis für deine eigenen Kreationen nehmen. Viel Spaß!

Welcher Standort?

- sonnig
- halbschattig
- schattig
- eher trockener Gartenboden
- normaler Gartenboden
- eher frischer Gartenboden

Die Nacht, der Mond, dein Beet und du!

Beete für jede Gelegenheit und jeden Geschmack? Hoffentlich kann ich dazu inspirieren. Vorlagen zu schaffen, die alle Eventualitäten abdecken, ist nicht möglich. Umso schöner ist es, wenn man sich von den Ideen anderer für das eigene Stückchen Land beflügeln lassen kann.

Ich lade dich ein, die folgenden Ideen entweder 1:1 umzusetzen oder mit ihnen zu experimentieren. Bei den Pflanzenporträts findest du die Standortansprüche der jeweiligen Pflanzen. Nutze sie, um dir ein eigenes Mondbeet zu schaffen oder um die Vorschläge zu ergänzen, ungeliebte Pflanzen auszutauschen oder die Beete anderweitig an deinen Bedarf anzupassen. Die folgenden vier Faktoren sind dabei besonders wichtig.

1. Größe

Wenn das vorgeschlagene Beet zu klein ist, kannst du es beliebig vervielfachen. Unter Berücksichtigung der Wuchshöhen kannst du dein Beet in Breite und Länge variieren. Oder das Schema der Pflanzgruppierungen aufgreifen und im gleichen Stil weiterführen. Das bedeutet, dass du dich an die Anzahl der zusammen gepflanzten Sorten hältst und die gleichen Nachbarn wählst.

Ist dir mein Vorschlag zu groß, kannst du die Beetgröße und Sortenanzahl reduzieren. Weniger verschiedene Sorten in größeren Gruppen lassen kleinere Flächen weiter erscheinen. Wichtig ist, dass die unterschiedlichen Funktionen jeweils einen Vertreter finden, Dopplungen werden gestrichen. Bei Beet 1 sähe das beispielsweise so aus:

Die Rose darf weichen, wenn wir sie nicht für eine Blickachse oder vor einer Wand brauchen, ein Gras bleibt aufgrund der Höhenwirkung und des ganzjährig schönen Effekts erhalten (Pampas- oder Federgras). Eine Schafgarbe geht, genauso die Nachtviole, wir behalten die hellste Sorte für den Nachtgarten-Aspekt. Für die formale Struktur bleibt das Rispige Schleierkraut, während wir die Anemone zugunsten der ökologisch wertvolleren Glockenblume gehen lassen. Das reduzierte Beet Nr. 1 würde also aus den Pflanzen Nr. 2, 3, 5, 6 und 8 bestehen.

2. Farben

Solange du das wiederkehrende Weiß, das für unseren Zweck obligatorisch ist, beibehältst, kannst du kaum etwas falsch machen. Der Farbkreis kann dir helfen, deine

Ob glühender Artenschützer, gestresste Mama oder chronischer Romantiker: Ein sanft schimmernder Garten lädt zum Verweilen, Entdecken und Genießen ein.

Wenn's mal was nicht gibt

Solltest du eine Sorte bei dir nicht bekommen, wähle eine andere mit gleicher Funktion aus. Du kannst die gleiche oder eine ähnliche Farbe und Höhe pflanzen – gleiche Pflanzenart, aber eine andere Sorte! Wichtig sind vor allem, dass die Standortansprüche der Ersatzpflanze zum Beet passen und dass der gewünschte Effekt erzielt wird: also auf Duft, Farbe und Struktur achten!

Wahl zu treffen. Komplementärfarben bieten spannende Kontraste, nebeneinanderliegende Farben harmonisieren perfekt. Da Grün immer mit von der Partie ist, wähle eine weitere Grundfarbe für die Blüten und setze farblich passende Partner des gleichen Grundtons. Maximal eine Komplementärfarbe in kleinen Farbtupfern belebt das Ganze dann. Das Beet Nr. 6 ist ein Beispiel dafür. Zwischen die verschiedenen Lilatöne setzen wir einige gelbe, also komplementäre, Akzente. Das Ganze ließe sich noch um Weiß ergänzen, das entschärft den Kontrast aber wieder. Reine Geschmackssache – und noch einmal: Es ist alles erlaubt, was dir gefällt!

3. Höhen

Kurz und knackig: Hohes kommt nach hinten, Niedriges nach vorne. Ein Beet, das von zwei Seiten betrachtet werden kann, wird pyramidal aufgebaut. Also mittig hoch, an den Seiten flacher werdend. An Wegen ist der gewünschte Effekt wichtig: Willst du durch einen Gang in eine andere Welt tauchen oder dich fühlen, als würdest du durch den Dschungel wandern? Dann dürfen die Beete so hoch, wie du willst, bepflanzt werden. Möchtest du dich geleitet fühlen und den Weg optisch untermauern, ohne den Blick komplett einzuschränken, wird am Weg eher niedrig, nach hinten eher hoch wachsend gepflanzt.

4. Beetumrandungen

Die Einfassungen deiner Beete sollten einheitlich sein und zum Stil und den anderen Materialien im Garten passen. Dafür bieten sich kleinbleibende, schnittverträgliche und dichte Pflanzen an. In Beet Nr. 4 nutzen wir beispielsweise Ilex. Aber auch Ziersalbei, Woll-Ziest, Funkien, Lavendel und andere kleinbleibende Sträucher, Stauden, Gräser und Kräuter sind geeignet.

Natürlich schön und von großem Wert für den Nachtgarten mit Erlebnisfaktor sind Beeteinfassungen aus Totholz, kleinen, wärmespeichernden Natursteinmauern oder geschichteten Dachschindeln, die mit einer Sand-Lehm-Mischung für Wildbienen gefüllt wurden. Nimm, was du hast, und tob dich aus!

BEET 1

Wie im Cottage Garten:
Das romantisch-verspielte Beet

Was lange als altbacken galt, kommt mit dem Bewusstsein für die Wichtigkeit unserer Gärten in puncto Artenschutz und dem Wunsch nach klimastabilen und pflegeleichten Beeten wieder vermehrt zur Umsetzung: bunte, vielfältige Bauerngärten ganz wie zu Omas Zeiten oder vom klassischen, englischen Cottage Garden inspirierte üppig blühende Flächen, die einfach Freude machen.

Ob wir es dabei eher monochrom halten oder mit einem harmonischen Chaos aus Farben arbeiten, ist ganz egal. Hauptsache, es gefällt und sieht nach Absicht aus.

Das hier dargestellte 2 × 1 m große Bepflanzungsbeispiel spielt mit verschiedenen Rosa- und Pinktönen, die zusammen mit dem reinen Weiß von Anemone, Glockenblume und Nachtviole zeitlos und leicht wirken und den Hintergrund für romantische Mondnächte bilden.

Während das Pampasgras bis in den Winter mit seinen federhaften Wedeln begeistert, blüht die Schafgarbe unermüdlich von Juni bis Oktober. Etwas früher dran sind die Nachtviolen, die mit ihrem intensiven Duft zum Verweilen einladen. Die genannten Rosen sind remontierend, was bedeutet, dass sie nach der Hauptblüte noch einmal blühen.

Wer das Beet schon im frühen Frühjahr herausputzen möchte, pflanzt Frühlingsblüher (Seite 48). Meine liebsten Sorten: *Tulipa humilis* 'Persian Pearl', *Tulipa* 'Lady Jane', *T. clusiana* 'Peppermintstick', *T. fosteriana* 'Flaming Purissima' oder 'Purissima', *T. kaufmanniana* 'Ice Stick', *T. polychroma*, dazu weiße Hyazinthen und die Narzissen-Sorten 'Elka' und die duftende 'Thalia'.

Entdeckertipp

Im nächtlichen Mittelpunkt steht in diesem Beet ganz eindeutig die Nachtviole, die unsere Nase verzaubert. Schnupper mal, woran erinnert dich der Duft? Zudem lenkt die Pflanze Kohlweißlinge von unserem Gemüsebeet weg – da lohnt das Beet doch gleich nochmal mehr! Doch nicht nur sie mögen die Nachtviole, auch einige nachtaktive Falter kannst du hier beobachten.

1. Kleinstrauchrose
SIEHE SEITE 74
'Sweet Delight', 'Schneewittchen', 'Simsalabim', 'Innocencia' oder 'Escimo' (*Rosa*), **1 Stk.**

2. Kleines Pampasgras
SIEHE SEITE 43
'Pumila' (*Cortaderia selloana*), **3 Stk.**

3. Gewöhnliche Wiesen-Schafgarbe
SIEHE SEITE 98
(*Achillea millefolium*), **3 Stk.**

4. Gewöhnliche Wiesen-Schafgarbe
SIEHE SEITE 98
'Milly Rock Rose' (*A. millefolium*), **3 Stk.**

5. Pfirsichblättrige Glockenblume
SIEHE SEITE 36
'Alba' (*Campanula persicifolia*), **3 Stk.**

6. Rispiges Schleierkraut
SIEHE SEITE 45
(*Gypsophila paniculata*), **1 Stk.**

7. Nachtviole
SIEHE SEITE 69
(*Hesperis matronalis*), **3 Stk.**

8. Federgras
SIEHE SEITE 90
Mexikanisches Federgras oder Federgras 'Ponytails' (*Stipa tenuissima*), **5 Stk.**

9. Herbst-Anemone
SIEHE SEITE 30
'Snow Angel' (*Anemone japonica*), **1 Stk.**

BEET 2

Süßer Duft an der Terrasse: Das Nasenschmeichler-Beet

Jetzt wird's dufte. Es ist nicht ganz leicht, ein Duftbeet zu kreieren, dessen verschiedene Aromen zusammenpassen. Es ist so gut wie unmöglich, ein Beet zu schaffen, das wirklich jedem Gärtner in der Nase schmeichelt – und niemandem zu viel wird. Deswegen habe ich mich hier an Nuancen gehalten, die eher neutral süß riechen und nicht zu schwer sind. Exotischere Düfte wie die Clematis 'Wilsonii' oder den wunderbaren Weißdorn sollte jeder für sich einmal „proberiechen", bevor die Entscheidung fällt.

Es darf also ergänzt werden oder ersetzt, je nach Lust und Laune. Und dann genossen. Einige der aufgeführten Pflanzen verströmen ihr Aroma den ganzen Tag über, andere entfalten ihren Duft erst am Abend oder in der Nacht. Rein optisch ist dieses etwa 5 × 2,50 m große Beet ein recht klassisches Element des Bauerngartens. Phlox, Taglilie und Pfingstrose sind typische Bauerngartenblumen und bestimmen das Gesamtbild. Während die Zitronen-Taglilie in ihrer Gestalt vergänglich ist und ihre Blüten am späten Nachmittag öffnet, eine Nacht verschwenderisch nach Zitrone riecht und am nächsten Vormittag verblüht, ist die Pfingstrose umso beständiger. Sie benötigt einen festen Standort und will nicht umgezogen und nur selten verjüngt werden.

Die ausgewählten Arten und Sorten betören alle mit einem zarten Duft, der sich mal mehr, mal weniger intensiv auch in der Vase hält. Auch die kleine, strauchförmige Zwerg-Mandel kann den Tisch schmücken und bringt so den Frühling ins Haus oder auf die abendliche Terrasse.

Entdeckertipp

So manche Gärtnernase mag an den geöffneten Blüten kleben bleiben, das ist jedoch nicht das Ziel der Pflanzen. Diese haben zartere Rüssel im Visier und wenn wir selbst es schaffen, unsere eigenen auf Abstand zu halten, können wir an Leimkraut, Levkoje und Phlox tagsüber eine Menge unterschiedlichster Insekten, nachts aber besonders Nachtfalter wie den Weinschwärmer oder den Nachtkerzenschwärmer beobachten.

1. Zwerg-Mandel
'Fire Hill' (*Prunus tenella*), **1 Stk.**

2. Pfingstrose
SIEHE SEITE 44
'Jan van Leeuwen', 'Festiva Maxima', 'Immaculée' (*Paeonia lactiflora*) oder 'Shu Sheng Peng Mo' (*Paeonia Rockii*-Hybride), **1 Stk.**

3. Abend-Levkoje
SIEHE SEITE 67
(*Matthiola longipetala* subsp. *bicornis*), **3 Stk.**

4. Zitronen-Taglilie
SIEHE SEITE 81
(*Hemerocallis citrina*), **3 Stk.**

5. Abendduft-Leimkraut
SIEHE SEITE 66
(*Silene italica*), **3 Stk.**

6. Hoher Stauden-Phlox
SIEHE SEITE 62
'David' (*Phlox paniculata*), **3 Stk.**

7. Hoher Stauden-Phlox
SIEHE SEITE 62
'Starfire' (*P. paniculata*), **2 Stk.**

8. Hoher Stauden-Phlox
SIEHE SEITE 62
'Danielle' (*P. paniculata*), **2 Stk.**

9. Gewöhnliche Wiesen-Schafgarbe
SIEHE SEITE 98
'Lilac Beauty' (*Achillea millefolium*), **5 Stk.**

10. Wander-Phlox
SIEHE SEITE 62
(*Phlox stolonifera*), **20 Stk.**

BEET 3

Tiefrot, zartweiß und wunderschön: Das Gemüsebeet mal anders

Dieses 3 m lange und ungefähr 1,50 m tiefe Beet setzt dezente nächtliche Akzente und bildet einen absolut extravaganten Eyecatcher. Zierlauch-Monde und Sternennebel aus Schleierkraut und Wasserdost schweben in der mystischen Dunkelheit der tiefroten bis violetten Gemüse- und Kräuterpflanzen.

Das Beet wandelt sich im Jahresverlauf nicht nur von selbst. Wenn gewünscht, kann es im Sommer nach der Ernte auch teilweise für den Winter neu bepflanzt werden und sieht dank der winterfesten Ziergemüse und der auffälligen Blütenstände der abgeblühten Pflanzen das ganze Jahr über wunderschön aus. Da es sich hier um ein Gemüsebeet handelt, muss es im Frühjahr neu bepflanzt werden. Die Stauden bleiben natürlich stehen und erhalten nur im fortgeschrittenen Frühjahr, wenn die Tiere ihre Überwinterungsquartiere verlassen haben und die Brut in den Stängeln geschlüpft ist, eine kleine kosmetische Kur.

Wem der Kontrast zur angrenzenden Wiese oder anderen grünen Beeten zu heftig ist, könnte rot-grüne Sorten ergänzen, an den Rand setzen oder mit ihnen das Rot anderer Beete noch einmal aufgreifen, um ein harmonisches Gesamtbild über den ganzen Gartenraum zu kreieren:

- Amaranth 'Opopeo' (*Amaranthus hypochondriacus*)
- Rotkohl 'Kalibos' (*Brassica oleracea var. capitata*)
- Romanasalat 'Rosha' (*Lactuca sativa* var. *longifolia*)
- Fette Henne 'Autumn Fire' (*Hylotelephium spectabile*)
- Rote Bete 'Bull's Blood' (*Beta vulgaris* var. *conditiva*)
- Blattzichorie 'Catalogna Rossa Italia' (*Cichorium intybus* var. *foliosum*)
- Chinese Multicolor Spinach (grün-roter Blattamaranth, *Amaranthus tricolor*)
- Schnitt-Knoblauch (*Allium tuberosum*)
- Kopfsalat 'Pirat' (*Lactuca sativa*, Ganzjahressorte)

Wichtig in diesem Beet

Lauch und Rote Bete mögen sich nicht so gerne – unter dem Lauch wird Salat gesetzt, die Bete ein bisschen weiter entfernt, falls du sie pflanzt.

Tipp: Die Blätter der Fetthenne sind in Maßen essbar, die Rote Bete kann man auch vor der Reife der Wurzel als Baby Leaf im Salat verarbeiten.

1. Roter Grünkohl
'Rosco' oder 'Rote Palme' (*Brassica oleracea* var. *sabellica*), **4 Stk.**

2. Roter Amaranth
'Red Garnet' (*Amaranthus cruentus*) oder 'All Red' (*A. caudatus*), **3 Stk.**

3. Wasserdost
SIEHE SEITE 101
'Chocolate' (*Eupatorium rugosum*; Achtung, giftig!), **2 Stk.**

4. Rispiges Schleierkraut
SIEHE SEITE 45
(*Gypsophila paniculata*), **1 Stk.**

5. Zierlauch
SIEHE SEITE 26
'Mount Everest' (*Allium stipitatum*), **5 Stk.**

6. Dahlie
'Happy Days Cream White' oder 'Happy Single Princess' (*Dahlia*), **2 Stk.**

7. Rotkohl
'Tête Noire 3' (*Brassica oleracea* var. *capitata*), **3 Stk.**

8. Kopfsalat
'Merlot' (*Lactuca sativa*), **7 Stk.**

9. Pflücksalat
'Really Red Deer Tongue' (*L. sativa*, Ganzjahressorte), **20 Stk.**

Lebendiges Wasser: Leben, Licht, Geräuschkulisse

Schon vielfach wurde es geschrieben: Wasser ist Leben. Aus bekannten Gründen. Im Nachtgarten haben Wasserelemente besondere Reize zu bieten. Die vielfältige Geräuschkulisse rund ums Wasser ergänzt ihn um eine Sinneswahrnehmung. Zwischen moderner und naturnaher Gestaltung schaffen wir Lebensraum und Klimapuffer.

Der Teich

Ganz klassisch ist natürlich der Gartenteich. Es gibt ihn in zahllosen Formen, vom XXL-Naturschwimmteich über die betongegossene, sterile Vorgarten-Variante. Um eine lebendige und harmonische Ergänzung zu unseren Nachtbeeten zu schaffen, benötigen wir nicht viel Platz, aber einen gewissen Grad an Natürlichkeit. Fledermäuse und Vögel trinken am Naturteich gerne; Kröten, Frösche, Molche und Libellen leben im Nass.

Teiche dienen außerdem in unseren immer trockeneren Sommern als Wasserspeicher für den Gemüsegarten. Sie kühlen tagsüber durch Verdunstung ihre Umgebung, stellen das Wasser den Pflanzen rundherum zur Verfügung und geben die gespeicherte Wärme nachts wieder ab. Praktisch, oder?

Wer bisher von einem Teich Abstand genommen hat, weil er eine Mückenplage befürchtet, dem sei gesagt: Tatsächlich legt die Stechmücke ihre Eier auch in feuchter Erde ab und einige andere Arten, deren Larven man in großen Mengen wahrnimmt, stechen als ausgewachsenes Tier gar nicht! Kein Teich ist also auch keine Lösung.

Wasser ist Leben und Leben braucht Wasser. Ein Teich im Garten erfüllt so viele Funktionen, dass wir nicht auf ihn verzichten können, egal wie klein!

Der Bach

Dass Wegeführung im Garten wichtig ist, hatten wir ja schon (Seite 15). Mit einem kleinen, pumpenbetriebenen Bach kann eine ähnliche raumschaffende Wirkung erzeugt werden. Unterschiedlich große Natursteine und punktuell dazwischengesetzte, weißblühende Uferstauden binden den Bach harmonisch in die Gartenumgebung ein. So kann ein Bächlein durch Beete und an der Terrasse entlang oder auch teilweise unter ihr durchgeführt werden. Das Plätschern wirkt nahezu meditativ. Trittsteine oder sogar eine kleine Brücke sorgen für trockene Füße bei der Überquerung.

Tipp

Gegen Mücken hilft Bewegung! Eine kleine solarbetriebene Fontäne oder ein kleiner Wasserfall reichen aus. Unterstützend wirken am Wasser: Katzenminze, Zitronenmelisse, Ringelblumen, Zitronen-Thymian, Duftgeranien und Lavendel (in Töpfen). Und im Wasser: Wasserschlauch, Wasserminze (im Topf, da starkwüchsig), Hornkraut und Laichkraut.

Der Brunnen

Im rustikalen Weinfass, stylisch-modern gekauft oder aus einem Mörteleimer, Kies und einer schönen Keramik selbst gezaubert: Brunnen sind ein echtes Highlight und bringen Lebendigkeit und Klang in den Garten. Für jeden Stil gibt es den richtigen Brunnen und vielfältige Einsatzmöglichkeiten. Wichtig sind Ausstiegshilfen für durstige Tierchen.

Pflanzen

Einige der im Buch genannten Pflanzen mögen feuchte Füße. Besonders hervorzuheben ist für den Teich, egal, ob Naturteich, Fass oder alte Wanne, die weiße Seerose. Verschiedene Sorten bedienen verschiedene Ansprüche. Im Fachhandel kannst du dich beraten lassen.

Die Sumpf-Schwertlilie (*Iris pseudacorus*) dient sieben Nachtfaltern als Nahrung und lockt damit zuverlässig Fledermäuse über den Teich. Die Zuchtsorte 'Alba' besticht zudem mit cremeweißen Blüten. Der Fieberklee (*Menyathes trifoliata*) wartet mit kleinen, sternförmigen Blüten auf, während der Gewöhnliche Wasserhahnenfuß (*Ranunculus aquatilis*) eine strahlend gelbe Mitte präsentiert und durch seinen Wuchs vielen Teichbewohnern Lebensraum und Nahrung bietet.

Mit Plätschern Räume füllen

Geräusche gezielt einzusetzen ist eine geschickte Art, den Garten als Ruheraum zu gestalten. Gewünschte Geräusche, wie eben das sanfte, lebendige Plätschern eines kleinen Baches oder Brunnens, können als Filter für unerwünschte Umgebungsgeräusche dienen. Sie überdecken beispielsweise den hintergründigen Straßenlärm, der zu uns herübergeweht wird. Wichtig ist auch hier, wie im Gestaltungsteil angesprochen, dass du dir gezielt Gedanken zu einer sinnvollen Platzierung und den zu erzielenden Effekten machst. Kleine Brunnen und Fontänen und eine langsamere Fließgeschwindigkeit erzeugen leisere, dezentere Töne als ein höherer Wasserfall, der eine höhere Fallhöhe erzeugt und mit einer kraftvollen Pumpe viel Wasser in den Teich zurückführt. Ein Brunnen unter einer Laube füllt diesen Raum, ist aber auf der Terrasse am Haus nicht mehr zu hören. Ebenso spielt die Hauptwindrichtung eine Rolle, die das Gurgeln und Plätschern zu uns oder von uns weg tragen kann. Haben wir die richtige Art und Platzierung unserer Wasserelemente gefunden, gibt uns kaum etwas derart erfrischende Ruhe und Entspannung.

Mit Lauten zu gestalten ist ungewohnt, kann aber heilsam sein. Die Ruhe der Nacht mit sanften Naturklängen zu bereichern, bringt uns Entspannung.

BEET 4

Schlicht bezaubernd: Das moderne, klare Beet

Der modernen, klaren Struktur vermeintlich pflegeleichter neuer Gärten lehnt sich dieser Beetvorschlag an. Da hier weder Beikräuter gerupft noch viel zurechtgeschnitten werden muss, die Stauden sich größtenteils selbst pflegen und Lebendigkeit willkommen ist, ist dieses Arrangement tatsächlich sehr sparsam in der Pflege.

Das 3 × 1,50 m große Beet ist so strukturiert, dass es von beiden Seiten toll aussieht. Es kann an einem sonnenbeschienenen Hang, im Vorgarten oder als Streifen im Garten Verwendung finden. Die drei Pampasgräser entfalten als beinahe solitäre Eyecatcher ihre Wirkung und werden von der Klarheit der Ilexhecke und ruhigen, bodendeckenden Stauden optisch untermalt und in Zaum gehalten.

Das niedrig bleibende Sonnenröschen verzaubert den Betrachter während der Blüte, die mehrmals im Jahr erfolgt, und dient ansonsten als tiefgrüner Untergrund für die Akzente des Zierlauchs und der gestreiften Japan-Segge.

Der Standort für dieses Beet darf sonnig bis leicht halbschattig sein, die Pflanzen mögen jedoch weder nasse noch trockene Füße. Durch die dichte Bedeckung des Bodens durch Rose und Gräser bleibt der Boden dauerhaft vor Verdunstung geschützt und der Gießaufwand dürfte – je nach Klima – meist minimal bleiben.

Das einheitlich weiße Thema des Beetes wird durch den nach vorne rahmenden Ziersalbei und den Lauch mit einigen wenigen lila Akzenten ergänzt. Da das Weiß gerade in den Sommermonaten dominiert, können wir uns besonders in Mondnächten an unserer Kreation erfreuen.

Mal was Neues probieren?

Neben einigen Wildbienen und Schmetterlingen bietet dieses Beet auch uns eine Ergänzung des Speiseplans. Blüten von Rose, Lauch und Salbei sind essbar und zaubern das gewisse, extravagante Extra in den Salat. Oder die Bowle. Oder den Kräuteraufstrich …

1. Pampasgras
SIEHE SEITE 43
'Weiße Feder' (*Cortaderia selloana*), **1 Stk.**

2. Kleines Pampasgras
SIEHE SEITE 43
'Pumila' (*Cortaderia selloana*), **2 Stk.**

3. Zierlauch
SIEHE SEITE 26
'Mount Everest' (*Allium stipitatum*), **2 Stk.**

4. Pfirsichblättrige Glockenblume
SIEHE SEITE 36
'Alba' (*Campanula persicifolia*), **5 Stk.**

5. Kugel-Lauch
SIEHE SEITE 29
'Purple Sensation' (*Allium aflatunense*) oder bei trockenerem Boden Zierlauch 'Summer Drummer' (*Allium*-Hybride), **7 Stk.**

6. Japan-Segge
SIEHE SEITE 100
'Variegata' (*Carex morrowii*), **3 Stk.**

7. Zwergrose
SIEHE SEITE 74
'Sonnenröschen' (*Rosa*; flächig als Bodendecker), **ca. 9 Stk.**

8. Ziersalbei
'Marcus' (*Salvia nemorosa*; flächig als Bodendecker), **ca. 9 Stk.**

9. Berg-Segge
SIEHE SEITE 100
(*Carex montana*), **24 Stk.**

10. Europäische Stechpalme
'Heckenzweig' (*Ilex aquifolium*), **24 Stk.**

BEET 5

Strahlend gelb und weiß: Das Sonne-und-Mond-Beet

Wichtig in diesem Beet

Achtung beim Kauf der Gewöhnlichen Goldrute! Es besteht Verwechslungsgefahr mit der Riesen- und der Kanadischen Goldrute, die invasiv sind und hiesige Ökosysteme schädigen. Sie nehmen auch im Garten schnell überhand.

Zauberhaft bei Tag und elegant, duftend, lebendig bei Nacht. Während Weiß einen eleganten, ruhigen Unterton schafft, stechen die gelben Blüten satt hervor. Das Beet, in meinem Beispiel 5 m breit und 2 m tief, passt sich nahtlos in so gut wie jeden Stil ein. Weder ist es besonders wild noch auffallend clean. Stattdessen wirkt es modern und fröhlich in jedem Garten.

Hier lassen wir es krachen und spielen mit Höhen und Größe. Im Hintergrund des Beetes wachsen große Sonnenblumen bis fast auf oder sogar über Augenhöhe und werden von den wirklich imposanten Zierlauch-Monden des 'White Giant' begleitet. Nach unten hin kommen wir über sonnenhelle, mittelgroße Stauden zur grün-weiß-gelben Beetumrandung, mit der wir noch einmal die Strukturen der großen Pflanzpartner aufnehmen. Ein harmonisches, rundum überzeugendes Gesamtbild, das in der Sonne strahlt und nachts sanft schimmert. Phlox und Viole begleiten uns sanft duftend in den Feierabend.

Wer es bunter mag, kann zur Mondenschein-Sonnenblume eine rote und damit mehr Akzente setzen. Auch namentlich passt die Sorte 'Red Sun' besonders. Mit den Sonnenblumen kannst du auch leicht eine Verbindung zum Rest deines grünen Wohnzimmers herstellen. Punktuell über die anderen Beete verteilt, greifen sie das Muster des Sonnenbeetes auf und fügen es so harmonisch in das Gesamtbild ein. Im sehr kleinen Garten können die großen Sonnenblumen durch beliebige Sorten der kleineren ersetzt werden.

Entdeckertipp

Viele der hier aufgeführten Pflanzen sind ein Mekka für viele verschiedene Nachtfalter. Über diesem Beet kannst du vom Weinschwärmer bis zur Achateule viele Schmetterlinge beobachten – wenn dir die Fledermäuse nicht zuvorkommen!

1. Sonnenblumen – größere Sorten
wie 'Moonshine', 'Crimson Queen', 'Sunset Orange' oder 'Maya' (*Helianthus*), **5 Stk.**

2. Sonnenblumen – kleine Sorten
wie 'Sunspot', 'Music Box', 'Pacino', 'Garden Statement' oder 'Suntastic' (*Helianthus*), **7 Stk.**

3. Hoher Stauden-Phlox
SIEHE SEITE 62
'Fujiyama' oder 'David' (*Phlox paniculata*), **3 Stk.**

4. Gewöhnliche Goldrute
(*Solidago virgaurea*), **3 Stk.**

5. Weißer Fingerhut
(*Digitalis purpurea* var. *albiflora*; Achtung, giftig!) oder 'Pam's Choice' (*D. purpurea*), **6 Stk.**

6. Gelbe Schafgarbe
'Golden Fleece' (*Achillea tomentosa*), **5 Stk.**

7. Zierlauch
SIEHE SEITE 26
'White Giant' (*Allium stipitatum*), **5 Stk.**

8. Kleinblütige Königskerze
(*Verbascum thapsus*), **5 Stk.**

9. Österreichischer Salbei
(*Salvia austriaca*), **9 Stk.**

10. Polster-Phlox
SIEHE SEITE 62
'Maischnee' oder 'White Delight' (*Phlox subulata*), **12 Stk.**

11. Zwergige Goldrute
(*Solidago virgaurea* subsp. *minuta*), **12 Stk.**

Tiere am Wasser

Ein Teich als Lebensraum für Tiere ist nur sinnvoll, wenn zum nächsten natürlichen Lebensraum nicht zu viele Straßen zu überqueren sind und genug Naturraum drum herum zur Verfügung steht. Sonst wird die Wanderung schnell zur Todesfalle.

Frösche

Das hervorstechendste Soundmodell im abendlichen Teich ist ein Vertreter der Grünfrösche. Meistens der Kleine Wasserfrosch oder Teichfrosch. Er quakt vor allem in warmen Mai- und Juninächten. Und das gerne laut. Es empfiehlt sich deshalb, vorher Rücksprache mit den Nachbarn zu halten und den Teich nicht unter den Schlafzimmerfenstern zu platzieren. Wenn man die grünen Kerlchen dann mal bei sich hat, sind sie wertvolle Helfer im Kampf gegen die Nacktschnecken – und wir haben zwei Monate auch in den Abendstunden ganz schön Rambazamba im Garten.

Kröten

Unter den Kröten (Bild unten) ist nur die Erdkröte ein Gast in unserem Gartenteich. Wer selteneren Arten etwas Gutes tun will, muss einen Lichtteich anlegen, der nicht abgedichtet und nicht dauerhaft wasserführend ist. Wie der Frosch quaken auch Erdkröten-Männchen. Aber unter Wasser. Das macht die Geräuschkulisse gedämpft und gärtnerfreundlich. Zudem ist der Speiseplan der Kröte so wie der des Frosches ausgesprochen interessant für uns: Nacktschnecken stehen da weit oben!

Kannst du erkennen, ob du Kröten oder Frösche im Teich hast? Hat das Tier eine glatte oder warzige Haut? Wer ist wer? Gerade mit Kindern ist das Rätselraten ein Riesenspaß.

Wichtig

Wer Amphibien im Garten möchte, muss unbedingt auf Schneckenkorn verzichten. Frisst ein Frosch oder eine Kröte die vergiftete Schnecke, stirbt auch er oder sie. Das gilt auch für andere Tiere wie Vögel! Auch auf Fischbesatz muss verzichtet werden, da Fische den Laich von Kröten, Fröschen und Molchen fressen.

BEET 6

Mit Farbexplosion: Das Beet der Kontraste

Optisch ist dieses halbrunde Beet (3 m breit und an der tiefsten Stelle 1,50 m) eher für den Anblick am Tag gestaltet – nachts lockt es allerdings besonders viele geflügelte Gäste an. Die wollen entweder ihre Eier an die Pflanzen legen oder die zukünftigen Eltern im Flug wegschnabulieren. Die Rede ist natürlich von Nachtfaltern und Fledermäusen. Nur wo genügend nachtfliegende Insekten sind, finden sich auch die kleinen Flugakrobaten ein.

Die verschiedenen Vertreter der Wolfsmilchgewächse sind eindrucksvolle Stauden, die mit meist grünen oder gelben, leuchtenden Hüllblättern der eigentlich unscheinbaren Blüten bestechen. Diverse Arten sind gern gesehenes Raupenfutter und bilden zusammen mit der kräftig gelben Schafgarbe einen aparten Kontrast zum tiefen Violett der Monarden. Als Komplementärfarben beißen sie einander jedoch nicht, sondern bringen Spannung und Charakter ins Beet. Beide Farbtöne finden sich in den rahmenden Holundersäulen, die ebenfalls in starkem Kontrast zueinander stehen, wieder. So kommt es trotz der eigenwilligen Komposition nicht zu Unruhe für das Auge.

Auch die Blütenformen sind sich, mit Ausnahme der Monarde und des Leimkrautes, sehr ähnlich. Die vielen Schirmdolden ergänzen das Lila der Monarde um ähnliche Farbnuancen.

Entdeckertipp

Mit etwas Glück und viel Mut zu bunten Strukturen lassen sich an diesem Beet vielleicht diverse stark gefährdete Falter beobachten. Die Wasserdost-Eule beispielsweise ist ein hübsches Tier mit bronze- und perlmuttfarbenen Akzenten auf den Flügeln. An der Monarde lässt sich die Blauschwarze Holzbiene gerne blicken. Sie ist nicht selten, aber wirklich ein Erlebnis!

Exotischer Tipp

Kennst du den Japanischen Blumenhartriegel? Dieser wunderschön weiß oder cremeweiß, manchmal auch rosa blühende Strauch hat leckere Früchte und ist wirklich eine Zier für jeden Garten. Als auffälliger Solitärstrauch würde sich in diesem Beet besonders gut die Sorte 'Cappuccino' machen.

1. Holunder

SIEHE SEITE 89

'Lemony Lace' (*Sambucus*; nicht verwechseln mit 'Lemon Lace', der über 3 m hoch wird!) oder Säulenholunder 'Golden Tower' (*Sambucus nigra*) oder 'Golden Lace' (*S. racemosa*), **1 Stk.**

2. Holunder

SIEHE SEITE 89

'Cherry Lace' (*S. nigra*) oder Säulenholunder 'Black Tower' (*S. nigra*), **1 Stk.**

3. Gewöhnlicher Wasserdost

SIEHE SEITE 101

(*Eupatorium cannabinum*), **3 Stk.**

4. Gold-Wolfsmilch

(*Euphorbia polychroma*), **1 Stk.**

5. Monarde

'Blaustrumpf' oder 'Purple Ann' (*Monarda fistulosa*) oder 'Grape Gumball' (*M. didyma*, Sugar-Buzz-Serie), **3 Stk.**

6. Zypressen-Wolfsmilch

(*Euphorbia cyparissias*), **5 Stk.**

7. Schafgarbe

SIEHE SEITE 98

'Sunny Seduction' (*Achillea millefolium*), **6 Stk.**

8. Purpur-Fetthenne

'José Aubergine' oder 'Herbstfreude' (*Hylotelephium telephium*), **1 Stk.**

9. Nickendes Leimkraut

SIEHE SEITE 66

(*Silene nutans*), **5 Stk.**

10. Schaf-Schwingel

SIEHE SEITE 93

(*Festuca ovina*), **5 Stk.**

BEET 7

Einladend für Mensch und Tier: Der pflegeleichte Vorgarten

Gerade unser Vorgarten soll als Eingangsbereich und erster Eindruck besonders hübsch gestaltet wirken. Wir wünschen uns, dass unsere Gäste sich sofort willkommen fühlen und nicht durch unstrukturiertes Chaos in unser Heim treten. Häufig sind Vorgärten jedoch etwas schwierige Zonen unseres Grundstückes. Sie liegen an der Straße und oft überwiegen Schatten oder sonnige Trockenheit. Für diesen letzten Fall möchte ich dir diese Komposition vorschlagen (Beetgröße: 2 × 2 m). Wenn deine Gäste am Nachmittag durch das Gartentor hereinkommen, werden sie von bodennistenden Wildbienen umsummt, die sich an den vielen Blüten gütlich tun. Wenn sie sich am späten Abend in einer hellen Nacht verabschieden, schimmert der Vorgarten silbrig und holt den Mond vom Himmel.

Wir können die Pflanzen je nach Beetgröße entweder strukturiert und eng pflanzen oder den Bereich mit Totholzelementen und nur locker bepflanzt gestalten. Beides hat seinen Reiz.

Wilde Möhre, Sandrohr, Leimkraut und Schaf-Schwingel dienen als Raupenfutterpflanzen und sehen im Jahresverlauf toll aus. Der Zierlauch schwebt in kleinen Monden über den Dingen, die silbrigen Blätter von Wermut und Lavendel leuchten sanft. Außerdem duftet diese Kombination! Es bietet sich an, das Beet am Weg zum Hauseingang entlangzuziehen oder einfach zu beiden Seiten des Weges anzulegen.

Unterpflanzt wird das Beet mit Kleiner Traubenhyazinthe 'Album' (*Muscari botryoides*), Damen-Tulpe (*Tulipa clusiana*), Dolden-Milchstern (*Ornitholagum umbellatum*) und Netzblatt-Schwertlilie (*Iris reticulata*).

Entdeckertipp

Ein Sandarium, das die Basis dieses Beetes bilden kann, bietet den vielen bodenbrütenden Wildbienen, die Schwierigkeiten haben, offenen, trockenen Boden zu finden, ein Zuhause. Dafür wird etwas spärlicher bepflanzt! Der Anblick der vielen verschiedenen Arten ist phänomenal. Achte bei der Anlage auf den richtigen Sand, dieser darf beim Röhrenbau nicht einbrechen. Es gibt Anleitungen im Internet.

1. Sandrohr
SIEHE SEITE 91
'Karl Foerster' (*Calamagrostis × acutiflora*), **4 Stk.**

2. Echter Wermut
SIEHE SEITE 53
(*Artemisia absinthium*), **3 Stk.**

3. Zierlauch
SIEHE SEITE 26
'Mount Everest' (*Allium stipitatum*), **10 Stk.**

4. Schaf-Schwingel
SIEHE SEITE 93
(*Festuca ovina*), **8 Stk.**

5. Wilde Möhre
(*Daucus carota*), **6 Stk.**

6. Abendduft-Leimkraut
SIEHE SEITE 66
(*Silene italica*) oder Nickendes Leimkraut (*S. nutans*), **5 Stk.**

7. Pfirsichblättrige Glockenblume
SIEHE SEITE 36
'Alba' (*Campanula persicifolia*), **9 Stk.**

8. Buckel-Fetthenne
(*Sedum dasyphyllum*), **8 Stk.**

9. Zitronen-Thymian
SIEHE SEITE 65
'Silver Queen' (*Thymus citriodorus*), **8 Stk.**

10. Weißer Zwerg-Lavendel
SIEHE SEITE 64
'Alba' (*Lavandula angustifolia*), **10 Stk.**

BEET 8

Farbenspiel inklusive: Das Gemüsebeet mit Nachteffekt

Ecken können herausfordernd sein – oder eine super Gelegenheit, die gegebene Wärmefalle als solche zu nutzen! Wein, Kiwi, Wassermelone, Pfirsich, Chayote und viele andere mögen es warm und beschenken uns mit köstlichen Früchten. Eine Ecke, die von zwei Wänden oder einer Wand mit Zaun gebildet wird, kann so optimal als Spalier genutzt werden. In unserem Beispiel ist es ein Pfirsich, der zu beiden, je etwa 3 m langen Seiten an den Wänden reift.
Bei der Sortenauswahl ist neben der richtigen Unterlage für einen Spalierbaum auf Resistenz gegen die Kräuselkrankheit zu achten. Auch jede andere wärmeliebende Pflanze ist hier gut aufgehoben. Sie muss nicht von selbst ranken oder überhaupt in die Höhe gehen, dann aber solitär Wirkung zeigen.

Weitere, im Gemüsegarten eher selten gesehene Arten: Zierkohl, den man dem Namen zum Trotz sehr wohl essen kann und der einfach wunderschöne, rosenartig anmutende Köpfe bildet und den Winter über im Beet bleiben kann. Artischocke, die mit etwas Glück winterhart ist und im kommenden Jahr mit mehr Knospen wieder austreibt. Die Zitronen-Taglilie, deren Blüten und frische Triebe essbar sind und wunderbar duften, sowie die Schlüsselblume und die Wilde Möhre, deren Blätter und Blüten als essbare Deko für den Salat genutzt werden können.

Aber nicht nur die Nase und der Gaumen werden von diesem Beet verwöhnt. Tagsüber eher naturnah, und mit den gelben und lila Farbklecksen licht und freundlich anmutend, ist der Grundton des Beetes Weiß und hebt das Beet damit nachts aus dem dunklen Teil des Gartens hervor.

Tipp

Achte bei der Wahl der Salate auf die Jahreszeit und pflanze geerntete Pflanzen nach. Du kannst auch versuchen, ein oder zwei Köpfe einer Sorte, die du besonders magst, einfach schießen, das bedeutet in Blüte gehen zu lassen. Wenn sich die Pflanze dann selbst aussamt, hast du einen Teppich kleiner Babysalate, die du als Pflücksalat ernten kannst. Das spart eine Menge Arbeit!

1. Pfirsich
(*Prunus persica*), Spalier **1–2 Stk.** oder Säule **1 Stk.**

2. Artischocke
(*Cynara scolymus*), **1 Stk.**

3. Kapuzinerkresse
'Milkmaid' (*Tropaeolum majus*), **6 Stk.**

4. Zitronen-Taglilie
SIEHE SEITE 81
(*Hemerocallis citrina*), **6 Stk.**

5. Wilde Möhre
(*Daucus carota*), **10 Stk.**

6. Gewöhnliche Schafgarbe
SIEHE SEITE 98
(*Achillea millefolium*), **6 Stk.**

7. Weißer Zierkohl,
z. B. 'Crane White' oder 'Weiße Feder'
(*Brassica oleracea* var. *acephala*), **6 Stk.**

8. Kopf-, Eichblatt-, Batavia- oder Pflücksalat deiner Wahl
(*Lactuca sativa*), **8–12 Stk.** oder in Reihe je nach Art/ Sorte

9. Schnittlauch
SIEHE SEITE 27
'Corsican White' (*Allium schoenoprasum*) oder Schnitt-Knoblauch (*A. tuberosum*), **5 Stk.**

10. Stängellose Schlüsselblume
SIEHE SEITE 51
(*Primula vulgaris*), **8 Stk.**

Fledermäuse – Artisten der Nacht

25 Arten von Fledermäusen flattern durch unser Land. Natürliche Feinde haben sie kaum, aber die Zerstörung ihrer Lebensräume und das Verschwinden von Insekten macht auch ihnen das Leben schwer. Die beeindruckenden Flugfähigkeiten der geschützten Säuger laden zu spannenden Beobachtungsabenden ein.

Großes Mausohr

Die namensgebenden Riesenohren sind feine Antennen für die eigenen Ultraschalltöne, mit denen Fledermäuse sich orientieren. Im Winterschlaf können sie bis zu 90 Minuten verharren, ohne Luft zu holen! Spinnen, Laufkäfer und andere bodenlebende Gliedertiere schmecken dem Mausohr besonders – Laub, Totholz und Trockensteinmauern sind somit unerlässliche Strukturen, um den Tieren den Tisch zu decken.

Zwergfledermaus

Der Name ist Programm. Nur bis zu 5 cm misst dieser Winzling (ohne Flügel). Der Flugzwerg ist ein Kulturfolger und jagt gerne in menschlichen Siedlungsräumen. Zwar schwinden auch die Lebensräume der Zwergfledermaus (rechts unten), aber wir können sie noch häufig bei ihrer Jagd auf Mücken und andere kleine Fluginsekten beobachten. Ihre Nahrungsvorlieben machen sie zum gern gesehenen Gast der frühen Abendstunden.

Wimperfledermaus

Wer eine Scheune oder einen alten Dachstuhl hat und mehr Wert auf die natürliche Ordnung statt auf die menschliche legt, kann vielleicht diese vom Aussterben bedrohte Art im eigenen Garten beobachten. Das kleine Tierchen mag es warm und ist deshalb gerade im Norden ein Hausbewohner. Da sie tief über dem Boden jagt, können wir die Wimperfledermaus (rechts), wenn sie unsere Angebote wahrnimmt, in den frühen Abendstunden entdecken.

Fledermauskästen sind eine effektive Möglichkeit, die süßen Flugartisten in den Garten zu locken. Im Internet gibt es viele Angebote und Anleitungen zum Selbstbau. Bitte achte beim Kauf auf einen seriösen Hersteller, der die Behausung wirklich an die Bedürfnisse der zukünftigen Bewohner anpasst. Sonst tut man ihnen nichts Gutes.

Achtung

Klebefallen als Streifen an Bäumen sind eine Gefahr für Fledermäuse und Vögel. Auch offene Fallrohre, Regentonnen und ähnliche tiefe Öffnungen sind gefährlich. Bitte verschließen.

BEET 9

Wogende Weite: Das Gräser- und Staudenbeet

Einmal groß gedacht? Dieses Beet passt hervorragend in große Gärten (hier Beetgröße 10 × 3 m) oder aber, dann langgestreckt, an Wege oder Zäune. Überall, wo der Raum gestreckt werden darf oder ein großer Bereich pflegeleicht und dauerhaft ruhig und natürlich anmuten soll. Das Beispielbeet in der Illustration kann dafür einfach mehrfach nebeneinander gepflanzt werden oder unter Beachtung der Höhen – vorne niedriger als hinten – mit den gleichen Pflanzen ans eigene Grün angepasst werden. Bei der Pflanzung müssen wir hier in größeren Flächen mit punktuell eingesetzten Farbklecksen denken.

Die Gräser werden in Gruppen gesetzt und erzeugen so den malerischen Eindruck von Wellen oder Wolken. Sie alle haben weiße und sehr leichte Elemente und leuchten zart im Mondschein. Die filigranen Wedel lassen sich auch gut schneiden und als Herbstdeko mit Hagebuttenzweigen, Efeuranken und Herbstblüten nutzen.

Im Beet setzen wir mit Eisenkraut, Steppen-Salbei und Skabiosen einige wenige lila Akzente, die im hellen Meer der Gräser und anderen Blüten Kontraste und damit kleine Eyecatcher schaffen. Die weißen, kleinen Blüten des Schleierkrautes bringen nächtliche Sternennebel in den Garten und werden von schmalen, hohen Blütenständen des Salbeis begleitet.

Auch die Insekten mögen dieses Beet. Zwar sind die Ziergräser nur für das menschliche Auge von großem Wert, die Stauden aber sind bei Bienen, Schmetterlingen und Käfern beliebt.

Entdeckertipp

Die Kaukasus-Skabiose wird von einem auffälligen, weiß gefiederten Mottenweibchen zur Ablage seiner Eier besucht. Die Weiße Tigermotte erinnert ein bisschen an die Wuschel des Wollgrases und ist in lauen Mondnächten von Juni bis September in großen Gruppen kurz vor Sonnenaufgang unterwegs. Wenn nicht an der Skabiose, dann kannst du den Schwarm vielleicht am Wasserdost oder am Holunder entdecken?

Wichtig in diesem Beet

Achtung beim Kauf: Das Afrikanische Lampenputzergras (*Pennisetum setaceum*) gilt als invasiver Neophyt und sollte vermieden werden.

1. Pampasgras
SIEHE SEITE 43
'Weiße Feder' (*Cortaderia selloana*), **6 Stk.**

2. Kleines Pampasgras
SIEHE SEITE 43
'Pumila' (*C. selloana*), **3 Stk.**

3. Orient-Lampenputzergras
(*Pennisetum orientale*), **3 Stk.**

4. Tautopfengras
'Odorous Cloud' (*Sporobolus heterolepis*), **4 Stk.**

5. Patagonisches Eisenkraut
(*Verbena bonariensis*), **9 Stk.**

6. Rispiges Schleierkraut
SIEHE SEITE 45
(*Gypsophila paniculata*), **2 Stk.**

7. Steppen-Salbei
'Amethyst' (*Salvia nemorosa*), **7 Stk.**

8. Elfenbein-Mannstreu
SIEHE SEITE 33
'Miss Willmott's Ghost' (*Eryngium giganteum*), **4 Stk.**

9. Steppen-Salbei
'Adrian' (*Salvia nemorosa*), **18 Stk.**

10. Rot-Schwingel
SIEHE SEITE 93
(*Festuca rubra*), **6 Stk.**

11. Kaukasus-Skabiose
SIEHE SEITE 47
Wildform und 'Perfecta Alba' (*Scabiosa caucasica*), **je 5 Stk.**

BEET 10

Wie im lichten Wald:
Das märchenhafte Schattenbeet

Im lichten Schatten von Bäumen oder auch im harten Schatten von Gebäuden fällt es uns manchmal besonders schwer, eine ansehnliche Gestaltung hinzukriegen. Die meisten Gartenpflanzen kümmern hier mickrig vor sich hin. Das muss aber nicht sein! Es gibt viele Pflanzen, meist solche, die im Wald zu Hause sind, die Schatten nicht nur tolerieren, sondern sogar brauchen.

Hierbei ist ein bisschen zu beachten, dass Schattenbeete meist nach Norden ausgerichtet sind und also auch der Mond hier nie in voller Kraft auf unser Beet scheinen kann. Nichtsdestotrotz reicht das Licht oft aus, um den gewünschten Effekt zu erreichen, oder wir helfen mit sanfter Beleuchtung nach. Wie mystisch wirkt ein solches waldartiges Beet mit Lampions oder einer mondförmigen Leuchte, die als Kugel zwischen den Farnen und Funkien liegt?

Verschiedene große und kleinere Funkien bilden die formale Basis dieses lang gestreckten, 6 × 1,50 m großenBeetes. Mit 'First Frost' setzen wir helle Akzente, die mit den Blüten von Wald-Geißbart, Silberkerze und Akelei wieder aufgenommen werden. Letztere wandern selbst mit den Jahren durchs Beet und schaffen so ihre eigene natürliche Ordnung. Die winzige Mausohr-Funkie bildet unsere Beetumrandung und wirkt mit ihrem Blaugrün ebenso malerisch wie ihre große Schwester 'Big Daddy'. Mit moosigen Statuen, großen Steinen, einem alten Brunnen oder sogar einem Spiegel zaubern wir so eine märchenhafte Waldstimmung!

Mit essbaren Bodendeckern zwischen den Stauden erzielen wir eine Mehrfachnutzung: Bärlauch, Wald-Erdbeeren oder Waldmeister können in kleine Lücken gesetzt werden. Übrigens: Auch Funkien sind essbar!

Entdeckertipp

Tagsüber ein lichter Wald im Garten, nachts mystisch-magisch, aber durch die hellen Bereiche und Blüten nicht düster: So soll sich der Schattenteil unseres Gartens präsentieren. Wenn wir genau hinschauen, können wir hier an warmen Abenden mit unserer Beeren-Waldmeister-Bowle die wunderschöne Achateule oder andere Schmetterlinge der Nacht beobachten.

1. Funkie
SIEHE SEITE 34
'Big Daddy' (*Hosta*), **3 Stk.**

2. Funkie
SIEHE SEITE 34
'First Frost' (*Hosta*), **5 Stk.**

3. Wald-Geißbart
(*Aruncus dioicus*), **2 Stk.**

4. Adlerfarn
(*Pteridium aquilinum*), **2 Stk.**

5. Oktober-Silberkerze
SIEHE SEITE 46
(*Cimicifuga simplex*), **3 Stk.**

6. Mondviole
SIEHE SEITE 42
(*Lunaria rediviva*), **5 Stk.**

7. Akelei
Gemeine Akelei und Kurzspornige Akelei 'Alba' (*Aquilegia vulgaris*), **je 1 Stk.**

8. Wald-Zwenke
(*Brachypodium sylvaticum*), **3 Stk.**

9. Großes Windröschen
SIEHE SEITE 30
(*Anemone sylvestris*), **10 Stk.**

10. Funkie
SIEHE SEITE 34
'Blue Mouse Ears' (*Hosta*), **10 Stk.**

Service

Für alles, was für einen lebendigen, spannenden Nachtgarten nötig ist, findest du hier Bezugsquellen. Außerdem Bücher über dieses und jenes Wichtige, das dich tiefer in die Zusammenhänge deines Gartens eintauchen lässt und dich unterstützt.

Zum Weiterlesen

Bellmann, Heiko: **Steinbachs Naturführer Schmetterlinge**, Verlag Eugen Ulmer, 3. Aufl. 2022.

Diehl, Dirk A.: **Ein Garten für Fledermäuse**, Pala Verlag, 2. Aufl., 2019.

Engelhardt, Wolfgang; Martin, Peter und Rehfeld, Klaus: **Was lebt in Tümpel, Bach und Weiher?**, Kosmos Verlag, 18. Aufl., 2020.

Gampe, Jonas: **Letzter Ausweg: Permakultur!**, Löwenzahn Verlag, 2021.

Gampe, Jonas: **Permakultur im Hausgarten**, Ökobuch, 6. Aufl., 2021.

Günzel, Wolf Richard: **Das Insektenhotel**, Pala Verlag, 12. Aufl., 2022.

Hecker, Katrin und Frank: **Wer Schmetterlinge liebt muss Raupen füttern**, Kosmos Verlag, 2025.

Hofmann, Helga: **Richtig gute Insektenhotels**, Verlag Eugen Ulmer, 2021.

Kemeny, Richard: **Durchblick Biodiversität**, Kosmos Verlag, 2025.

Kleber, Gerda und Eduard W.: **Gärtnern im Biotop mit Mensch**, OLV, 5. Aufl., 2010.

Kleinod, Brigitte und Strickler, Friedhelm: **Schön wild!**, Pala Verlag, 4. Aufl., 2021.

Ortner, Marlies: **Essbare Wildpflanzen aus dem Hausgarten**, Ökobuch, 2022.

Steiger, Peter: **Heimische Wildstauden im Garten**, Verlag Eugen Ulmer, 2020.

Strauß, Daniela: **Gartenvögel und ihr geheimnisvolles Leben vor unserer Tür**, Kosmos Verlag, 2022.

Schäffer, Anita und Heine, Luise: **Dein Projekt. Dein Guide. Gartenvögel einladen & verwöhnen**, Verlag Eugen Ulmer, 2026.

Westrich, Paul: **Wildbienen, die anderen Bienen**, Verlag Eugen Ulmer, 2024.

Informationen & Bezugsquellen

Informationen für Naturgärtner

Flora incognita
Die App zur Pflanzenerkennung
www.floraincognita.de oder im AppStore

NaturaDB
Unverzichtbar für den Naturgärtner, inklusive Pflanzen-Suchmaschine
www.naturadb.de

Pflanzen, Saatgut & Zubehör kaufen

Allgäu Stauden
www.allgaeustauden.de

Baumschule Spengler
www.spengler-baumschule.de

Bingenheimer Saatgut
www.bingenheimersaatgut.de

Biobaumschule Brenninger
www.baumschule-brenninger.de

Bioland Baumschule Pflanzlust
Biobaumversand
www.biobaumversand.de

Deaflora Aromagärtnerei
www.deaflora.de

Gärtnerei Stauden Spatz

www.staudenspatz.de

Hof Jeebel
www.biogartenversand.de

Jelitto Staudensamen
www.jelitto.com

Naturgartenshop
www.naturgartenshop.com

Sativa
www.sativa.bio

Staudengärtnerei Gaißmayer
www.gaissmayer.der

TGTA – Tausende Gärten, Tausende Arten
www.tausende-gaerten.de

Umbach Bio
www.umbachbioland.de

Rund um Nist- und Fledermauskästen, Insektenhotels & Vogelfutter

Nabu
www.nabu-shop.de

Landesbund für Vogel- und Naturschutz in Bayern e. V.
www.lbv-shop.de

Peter Walter Wildbienenwissen
www.wildbienen-und-co.de

Die Autorin

Lena Landefeld ist Dipl.-Permakultur-Designerin, Obstbaumwartin und angehende Bildungswissenschaftlerin. Sie plant Traumgärten für Kunden; ihr Fokus liegt dabei auf der harmonischen Zusammenführung von Natur und Kultur. Wild ist schön und wichtig, viele Gärtner wünschen sich aber strukturierte, klare Gärten. Um die Chance auf gelebten Natur- und Artenschutz nicht zu verpassen, plant Lena lebendige, pflegeleichte und klimastabile Gärten für jeden Geschmack. Besonders interessieren sie ökologische Zusammenhänge: von Schnecke und Glühwürmchen bis hin zu komplexen Agroforst-Systemen.

Tipps und Wissen rund um Permakultur und Naturgärtnern teilt sie auf Instagram unter @mithummelnbummeln. Ihre Gartenkurse und vieles mehr gibt's auf www.mithummelnbummeln.de.

mit Hummeln bummeln

Register

Bildquellen

Titelfoto: GAP/Jan Smith

Blickwinkel/D. Mahlke: S. 133 o.

Botanikfoto: Hans-Roland Müller: S. 73, 74, 89; Heinz Hauser: S. 104; Steffen Hauser: S. 46

Buendia22, CC BY-SA 4.0, via Wikimedia Commons: 64 o.

Dirk Mann (www.flowermedia.com): S. 28 o., 65 Mi.

Flora Press: Klaphake, Ute 90 u.

Flora Press/Garden World Images: S. 35 u., 86

Frank Hecker Naturfotografie: S. 133 u.

GAP Photos: Amy Vonheim: S. 92 u.; Annaick Guitteny-Kazuyuki Ishihara: S. 117; Bozena Piotrowska: S. 6, 19 li., 119; Carole Drake – Garden: Private Garden, North Cornwall; Owners: Duncan Scott and Jeremy: S. 55; Christa Brand: S. 16; Clive Nichols – Credit: Jo Bennison Peonies, Lincolnshire: S. 44; Ernie Janes: S. 77 u.; Jenny Lilly: S. 72; Jenny Lilly – Designer: Tracy Foster – Sponsors: PTES, BHPS: S. 13; John Glover: S. 15, Jonathan Buckley: S. 26 o., 40, 79; Jonathan Buckley – Design: Sarah Raven, Perch Hill: S. 138; Liz Every: S. 25; Mark Bolton: S. 61 u., 101; Matt Anker: S. 59; Matt Anker – Designer: Matthew Childs – Sponsor: Ecover: S. 19 re.; Nicola Stocken: S. 11, 52, 95; Nova Photo Graphik: S. 47, 61 Mi., 93 u.; Richard Bloom: S. 43; Robert Mabic: S. 78; Victoria Firmston: S. 8; Zara Napier: S. 23

Landefeld, Lena: S. 141 o.

Mauritius images: S. 32, 36 o., 37 o., 37 u., 39, 27 o., 48 o., 48 u., 50 u., 51 u., 60 o., 65 o., 67, 70 o., 70 u., 71 o., 71 u., 87, 92 o., 99, 103 o., 106, 125 o., 125 u., 132

Rosenhof Schultheis: Seite: 76 u.

Schwarzer, Elke: S. 33

Shutterstock.com: Agami Photo Agency: S. 97 o.; Aleksandra Duda: S. 65 u.; Alena Charykova: S. 49 o., Alex Manders: S. 30; Alexander Denisenko: S. 36 u.; Antiqva: S. 29 u.; arronsphotos: S. 105; Bob Pool: S. 34 u.; Brookgardener: S. 64 u.; butterfly's dream: S. 93 o.; Candia Baxter: S. 69; Daisuke Nishioka JP: S. 81; Flower_Garden: S. 68; Gary Matuschka: S. 76 o.; gergosz: S. 102; Helen Pitt: S. 63; Ihor Hvozdetskyi: S. 90 o.; imageBROKER.com: S. 42; Images01: S. 97 u.; InfoFlowersPlants: S. 91 o.; iPlantsman: S. 98; Iva Vagnerova: S. 50 o., 54; James Nature Pics: S. 80; Jcaley: S. 100; Joe Kuis: S. 35 Mi., 91 u.; Kabar: S. 27 u.; krolya25: S. 88; Lioneska: S. 85; Lyudmila Lucienne: S. 35 o.; Maxim Artemchuk: S. 5; M. Schuppich: S. 49 u.; Mali lucky: S. 60 u.; Marta Jonina: S. 34 o.; Miroslav Hlavko: S. 96, MustafaKawa: S. 82; NetPix: S. 26 u.; Nick Pecker: S. 31; Nicky Rhodes: S. 103 u.; nnattalli: S. 53; nomis_h: S. 20; Olga Gavrilova: S. 56; Onkamon: S. 109; Polina Timokhovskaia: S. 41; R. Maximiliane: S. 94; Sergey V Kalyakin: S. 62; simona pavan: S. 66; SJ Allen: S. 75 u.; Starover Sibiriak: S. 45; SusaZoom: S. 51 o.; Tom Meaker: S. 61 o.; Uunal: S. 29 o.; weha: S. 28 u.; zzz555zzz: S. 75 Mi.

Staudengärtnerei Gaißmayer: S. 77 o.

W. Kordes' Söhne: S. 75 o.

Die Zeichnungen der Beetpläne und das Logo auf S. 141 fertigte Lena Landefeld.

Impressum

Die in diesem Buch enthaltenen Empfehlungen und Angaben sind von der Autorin mit größter Sorgfalt zusammengestellt und geprüft worden. Eine Garantie für die Richtigkeit der Angaben kann aber nicht gegeben werden. Autorin und Verlag übernehmen keine Haftung für Schäden und Unfälle. Bitte setzen Sie bei der Anwendung der in diesem Buch enthaltenen Empfehlungen Ihr persönliches Urteilsvermögen ein.
Der Verlag Eugen Ulmer ist nicht verantwortlich für die Inhalte der im Buch genannten Websites.

Anmerkung zur Schreibweise (Gendering):
Gendergerechtigkeit und Inklusion sind bei uns gelebte Praxis – bei der Auswahl unserer Themen, bei der Recherchearbeit, in der Gestaltung. Unsere Texte meinen alle. Damit unsere Inhalte jedoch gut lesbar bleiben, verzichten wir in diesem Werk auf die jeweilige Mehrfachnennung oder Anpassung der Schreibweise bestimmter Bezeichnungen an die weibliche, männliche oder diverse Form.

Bibliografische Information der Deutschen Nationalbibliothek
Die Deutsche Nationalbibliothek verzeichnet diese Publikation in der Deutschen Nationalbibliografie; detaillierte bibliografische Daten sind im Internet über http://dnb.d-nb.de abrufbar.

Wollgrasweg 41, 70599 Stuttgart (Hohenheim)
E-Mail: info@ulmer.de
Internet: www.ulmer.de
Projektleitung: Doris Kowalzik
Konzept: Christine Hutschenreuther
Lektorat: Antje Krause
Herstellung: Verlag Eugen Ulmer
Umschlaggestaltung: Verlag Eugen Ulmer
Satz: Anette Vogt, www.redsign.de, Stuttgart
Reproduktion: time:ray, Jettingen
Druck und Bindung: Westermann Druck, Zwickau
Printed in Germany

MIX
Papier | Fördert gute Waldnutzung
FSC www.fsc.org FSC® C110508

ISBN 978-3-8186-2730-0